U0307424

文玩战国红图鉴

文玩战国红选购与鉴赏

张梵 赵建 编著

化学工业出版社

·北京·

战国红是最近很热的一个词汇，大多数人都知道玛瑙的种类有很多，但是有一种玛瑙——战国红玛瑙，它给人们带来很多的遐想，有的人认为这种玛瑙就是战国时期流传下来的红缟玛瑙，有的人认为这是商家为了迎合市场而编造的名称。那么战国红玛瑙究竟是什么？它有怎样的内涵？它又是怎么形成的？它产自哪里？它有哪些种类和器型？我们该如何选购和投资？问题一个一个接踵而来。

本书为读者们一一揭开文玩战国红的秘密，并希望借此给文玩爱好者，文玩从业者们诠释文玩战国红的文化背景，解密它的生成原因，提供更多的知识，让爱好者们更好的判断它的价值，提供投资和收藏的指导。

图书在版编目（CIP）数据

文玩战国红图鉴:文玩战国红选购与鉴赏 / 张梵,赵建编著．北京：化学工业出版社，2015.11

ISBN 978-7-122-25351-4

Ⅰ.① 文…　Ⅱ.① 张…② 赵…　Ⅲ.① 玛瑙 - 鉴赏 - 基本知识 ② 玛瑙 - 选购 - 基本知识　Ⅳ.①TS933.21

中国版本图书馆 CIP 数据核字（2015）第 240361 号

责任编辑：郑叶琳　　装帧设计：尹琳琳
责任校对：陈　静　　图片拍摄：张　辉

出版发行：化学工业出版社（北京市东城区青年湖南街 13 号　邮政编码 100011）
印　　装：北京市雅迪彩色印刷有限公司
710mm×1000mm　1/16　印张 7　字数 724 千字　2016 年 1 月北京第 1 版第 1 次印刷

购书咨询：010-64518888（传真：010-64519686）　售后服务：010-64518899
网　　址：http://www.cip.com.cn
凡购买本书，如有缺损质量问题，本社销售中心负责调换。

定　　价：48.00 元

乙未年孟春，在梵兄的香会馆中闲谈，聊至战国红玛瑙时，两人皆是心中一动，梵兄提议一同做一本战国红玛瑙的文玩收藏书。我心中甚是兴奋，这几年曾多次来往于战国红宣化矿区考察和户外活动，心想若能出版一本与此相关的书，正可谓因缘造就，实乃不虚此行！

要特别感谢的是年近 80 的中国宝玉石泰斗，北大恩师王时麒教授为初稿进行了逐字逐句的修改和指导。王老师温和细心的关怀，令我感动不已！

自战国红玛瑙市场火热到百姓的全民收藏，期间出现的各种称谓和历史考察，在业界一直争论不休。在和王时麒老师聊起 2009 年前后我一人前往保定燕都遗址田野历史考古调查时的经历，并发现古代战国时期玛瑙大量残片留存于当地农民手中。问及缘由，得知此地乃古代玛瑙加工地区，通过原石的颜色和年代，推断此地有可能是真正的古代战国红玛瑙加工地，王老师鼓励我深入调查继续寻找矿脉，令我亦是心潮澎湃，对战国红的痴迷更甚。

当今战国红玛瑙主要为两个矿区：辽宁和河北，其各自有不同的特点：从色彩到成因到出现经历，从流纹岩夹藏的美丽，再到玄武岩蕴涵包裹出的圆蛋蛋，可谓“芙蓉出自不同衣”。

在文玩市场中，战国红摇身一变成为美丽文玩雕件的宝石收入各家，战国红玛瑙作为亿万年地球岩浆涌动流出的瑰丽矿石伴随着古中国的历史文化流传于古今华夏文明之中。作为一名地矿珠宝文玩爱好者有幸和梵兄一起记录下这玛瑙的神奇，心中自是欣慰感动。

历史考古中的战国红玛瑙和今天的产地战国红玛瑙交织在一起，原因似乎显得不那么重要，更重要的是她满足了古文化在人们心中的美和认同感。战国红玛瑙在半宝到宝石之间的模糊界限也是其无穷魅力的展现。

本书是经过多次走访一线市场和矿区后总结整理而成。书中若有不完善和不正确的地方请各位读者不吝指出。提笔至此，在这个火热的夏天，我忽然深深地感受到那如同天边彩虹一样绚红色的战国红玛瑙的美丽。

赵建

于 2015 年 6 月

前言

“战国红”是最近文玩市场中很热的一个词汇，它属于玛瑙的一种。现在我们大多数人都知道玛瑙的种类有很多，但是有一种玛瑙——战国红玛瑙，它给人们带来很多的遐想。有的人认为这种玛瑙就是战国时期流传下来的红缟玛瑙；有的人认为这是这些年商家为了迎合市场而编造的名称。那么战国红玛瑙究竟是什么呢？它又具有怎样的内涵？战国红玛瑙是怎样形成的呢？战国红玛瑙产自哪里？它又有怎样的分类和器型？我们如何看待它的价值和投资？问题一个一个接踵而来。

严格考证，战国红玛瑙起源很早，但在文玩市场上的兴起，不过是近几年的时间，对文玩迷们来讲，每一项被冠以文玩前缀的品类，都会带来无穷的好奇心，渴望探索它的价值，掌握它的行情。本书的目的即在于此，我们通过编写本书，为读者们一一揭开文玩战国红的秘密，并希望借此给文玩爱好者、文玩从业者们诠释文玩战国红的文化背景，解密它的生成原因，提供更多的知识，让爱好者们更好地判断它的价值，提供投资和收藏指导。

目录

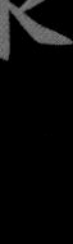

第三章 文玩战国红玛瑙

第四章 战国红玛瑙投资与收藏

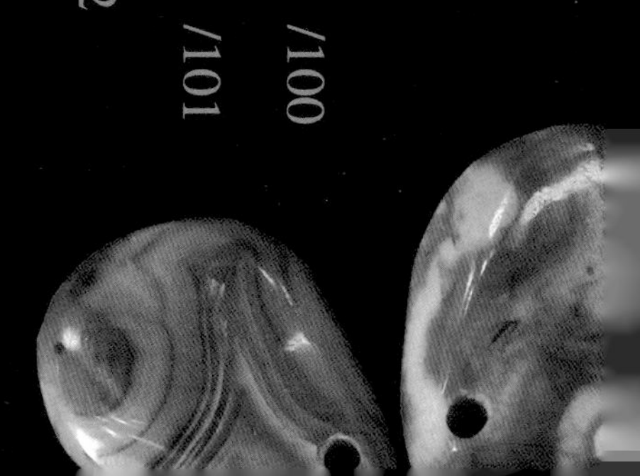

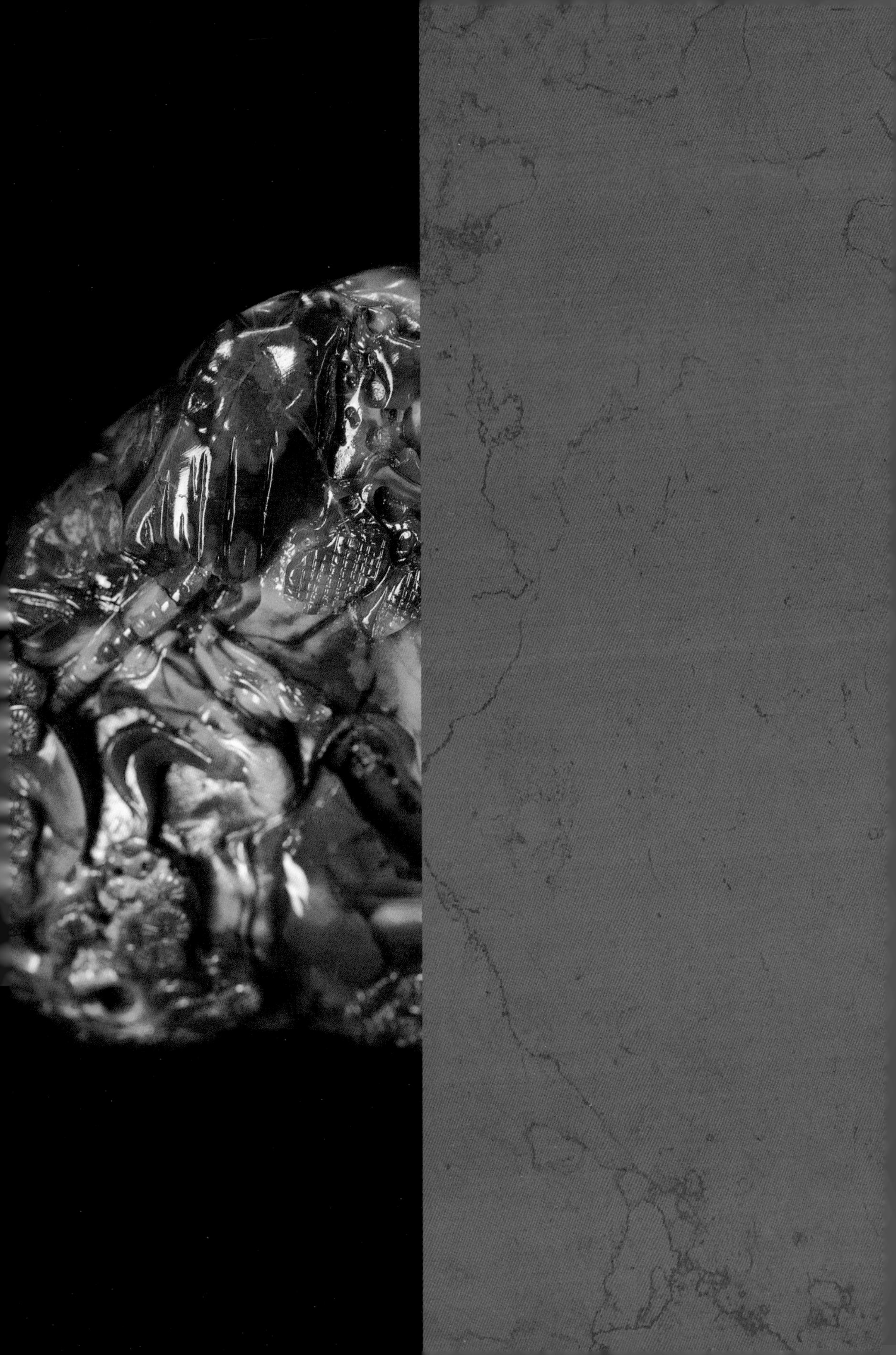

第一章 『大话』战国红

一、五彩玛瑙

在古代中国，春秋战国是一个动荡的历史时期——诸侯争霸，战乱不休。春秋五霸和战国七雄，在他们各自的年代，在他们各自的属地上发生了一系列的战争，直到最后被秦统一中国。

战乱持续五百多年，在那个独特的战乱时期，人们对于那些如同鲜血般色彩的红色玛瑙有了强烈的崇拜，红色玛瑙的饰品被赋予了一种独特的意义——对于鲜血的记忆和缅怀。有这样一种玛瑙，由于它独特的色彩，被赋予"凝聚战士英魂"的内涵，成为春秋战国时期的一种文化象征，并被世代传颂下来。它就是战国时期被发掘并使用的红缟玛瑙。

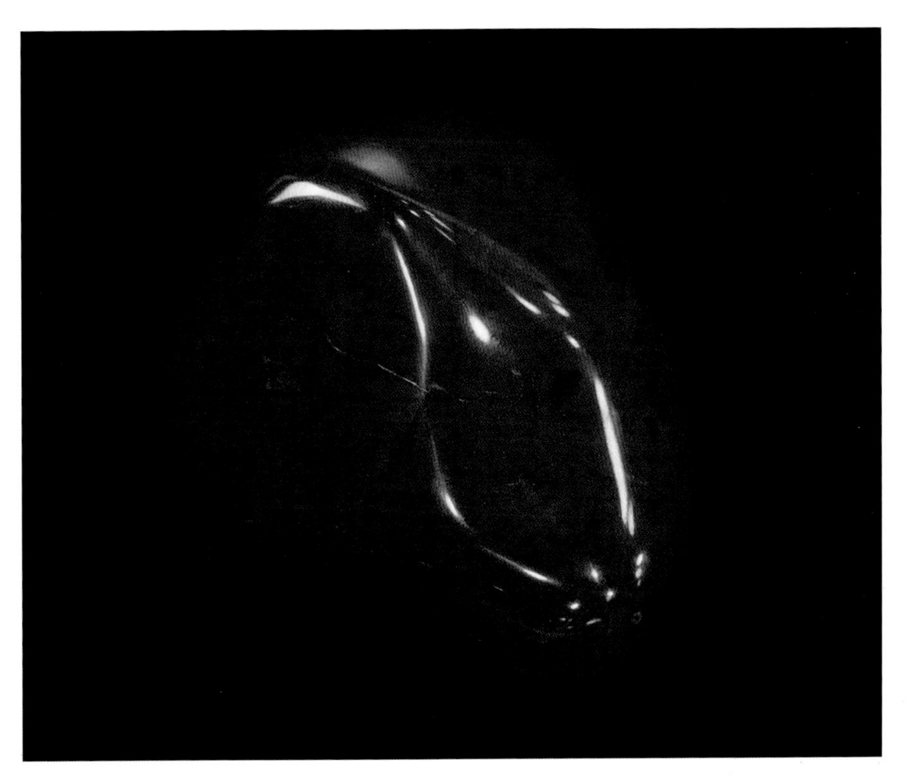

『红缟玛瑙』

在后人的记忆中，这种红玛瑙被印上那一时期的时代烙印。在当时不懂玛瑙成因的先人心中，红玛瑙被认为是战士抛洒的鲜血所染红的。于是，这种对已故将士的怀念和崇敬便融入了红玛瑙的文化中，在历史更迭里不断发酵。

在中国历史文化中，玛瑙的美名世代相传，尤其是色泽艳丽的多彩玛瑙，通过人们的想象和传述，与中国传统的价值观融合在一起，产生丰富的蕴含:黄为尊，红为贵，色多而不杂谓之君臣分明，此曰“君臣之纲”;缟玟幻化无常,水线穿梭其中,此曰“无常之道”;光华内敛，华而不张，乃玛瑙中君子者也。

在目前收藏市场上，文化和历史价值较高的红玛瑙均为战国时期

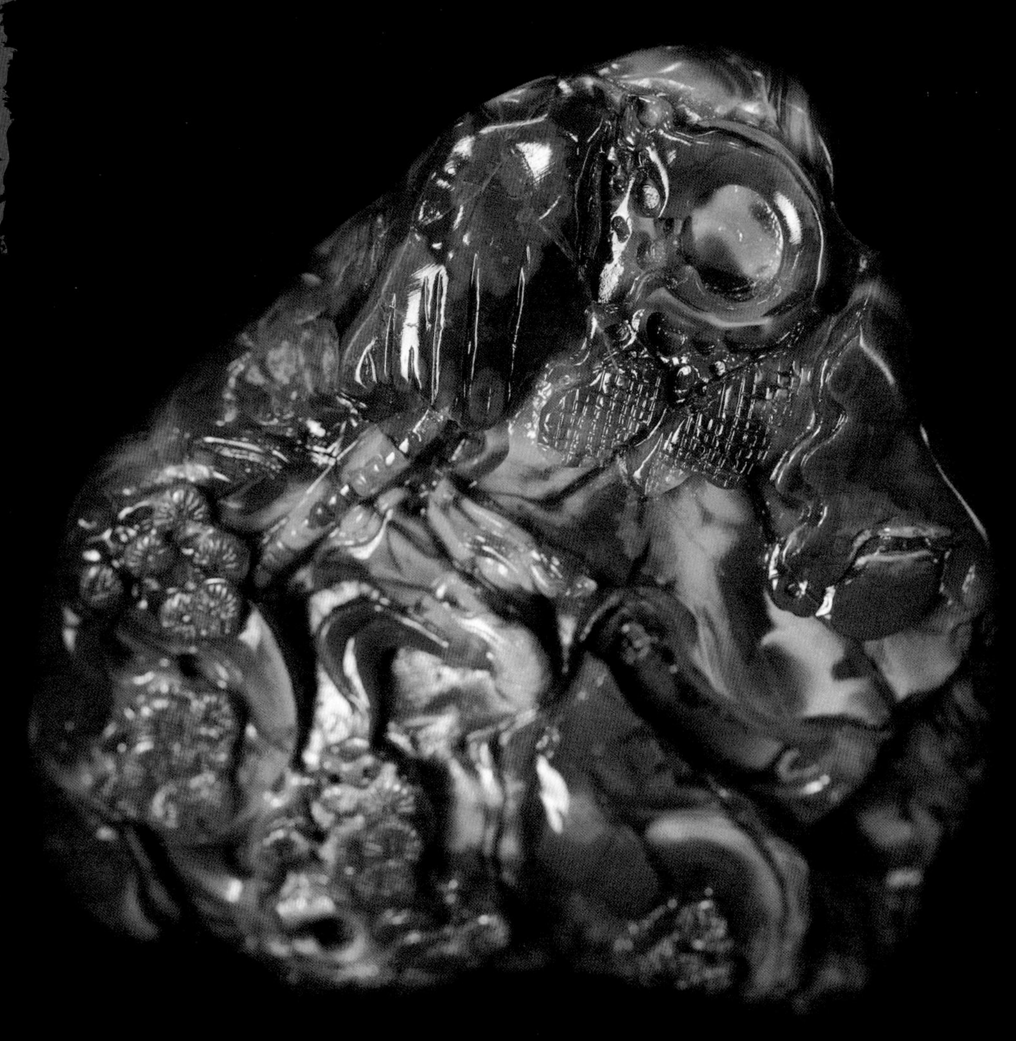

『红缟玛瑙中蕴含了中国古代的价值导向』

出土的红缟玛瑙，它们在市面上是比较罕见的，具有很高的收藏价值。其中多是作为当时贵族饰物使用的：如剑柄、珠串、环佩等。得益于玛瑙化学性质稳定，出土的红玛瑙依旧保持着绚丽的色彩，土沁不多，与今天我们在文玩市场上看到的新矿红玛瑙十分相似。

关于玛瑙的文化，还有一些有趣的传说。

1. 女娲的补天石

玛瑙由于其形成的原因，晶体内部往往包含了许多丰富的色彩和复杂的纹理，再加上其质地坚硬，质感润泽，这和中国古典传说中女娲补天所采用的五色石十分相似。因此民间传说中，有一种带有红、黄、白、黑、紫等多种色彩的五彩玛瑙，正是女娲补天时所用的“补天石”。

『“补天石”的传说代表了民间对于红玛瑙的崇拜』

2. 英雄的纪念碑

传说这种五彩的玛瑙石的诞生是上天为了纪念那些为国捐躯的英雄们。在中国历史上，尤其是春秋战国时期，不乏那些舍生取义之士，他们或为了国家或为了道义，挑战强权而死。这些刺客、义士的事迹为世人所津津乐道，和玛瑙的文化融合在了一起，广为传颂。

3. 其他

在古代，红玛瑙的使用还和祭祀等联系在一起。由于红玛瑙鲜艳的颜色，在中国古代的一些地方，红玛瑙原料被人们加工成刀片、圆佩、针砭等物，用于祭祀活动。

『古人认为红玛瑙具有活血、通血的作用，因此它常被做成刮痧板』

二、战国红玛瑙

现在所说的战国红玛瑙是红缟玛瑙的一种。也有一些考古地质专家认为战国红玛瑙是特指出土自战国时期的红缟玛瑙饰品，多为饰品类陪葬品。它们色泽艳丽、色彩分明，形制上有着明显的战国时代特征，因此被称为战国红玛瑙。

在战国时期，能够使用这种色彩丰富的红缟玛瑙制品作为陪葬品，是高贵身份的象征。这种陪葬品本身价格也十分昂贵。战国时代中山国国王墓出土了 2 串玛瑙项链，1 串 222 粒，1 串 74 粒，为管状珠，均由红缟玛瑙雕琢而成，出土时依然是五光十色，熠熠生辉。可见即使时光流逝红缟玛瑙依然能保留它的美丽。2011 年，在辽宁省葫芦岛市建昌东大杖子战国墓地发掘出土的玛瑙环，也再次向世人证明了战国红玛瑙的文化、历史价值。

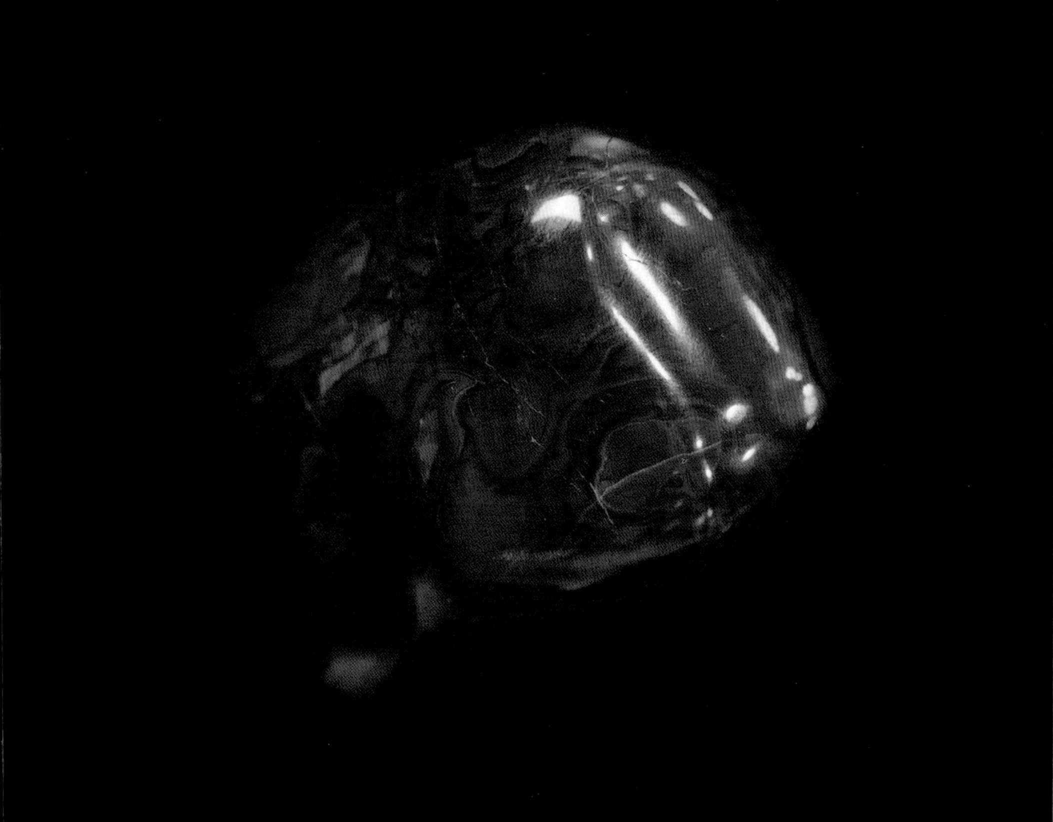

『战国红玛瑙串珠』

1.“战国红”之名

“战国红”这一词并非自古就有，是这种“红缟玛瑙”进入主流文玩市场后产生的。文玩市场上所说的“战国红”玛瑙和考古学上所认为的有些不同：文玩战国红玛瑙最初是指辽宁所产的红缟玛瑙，大约从2008年开始被大量进入市场。当时，人们对这种石头的了解并不深，将其称为“彩石”“五彩玛瑙”。后来才发现它在形、色、质、纹上与出土的战国时期的红缟玛瑙十分相似，且它与战国时期文物中的红缟玛瑙饰物属于同料范围，因此将此种红缟玛瑙称为战国红玛瑙。

另外一种说法是：在辽宁阜新与朝阳交界的北票地区出产加工的红缟玛瑙，其特性与战国时期出土的红缟玛瑙极其相似，因此被称为战国红玛瑙（后来宣化等地所产的红缟玛瑙虽然形似，但品质无法完全达到这种成色）。北票红缟玛瑙红色浓烈可比战国时期传世的红缟玛瑙，因此当地人首先用“战国红”称谓这种红缟玛瑙，进而流传开来。

第三种说法：在寻找战国红缟玛瑙文物材质的对比过程中，开始找到的是和战国时期红缟玛瑙同山脉的法库料，比较接近战国红，最后是在阜新市场的悬赏下，找到的朝阳的这个矿。同时，近年来继辽宁战国红玛瑙后，河北宣化一带也开始大批开采红缟玛瑙矿。

无论是辽宁所产，还是河北所出，这种红缟玛瑙是否和出土的战国时期红缟玛瑙为同一品种，依然还存在争议。而对于红缟玛瑙，自古一般分两种——“东红”玛瑙和“西红”玛瑙。“东红”指的是颜色不正的玛瑙。经过高温使颜色变红，经过烧红后，玛瑙比较脆，硬度下降，颜色变深，因此，“东红”被指为经过优化

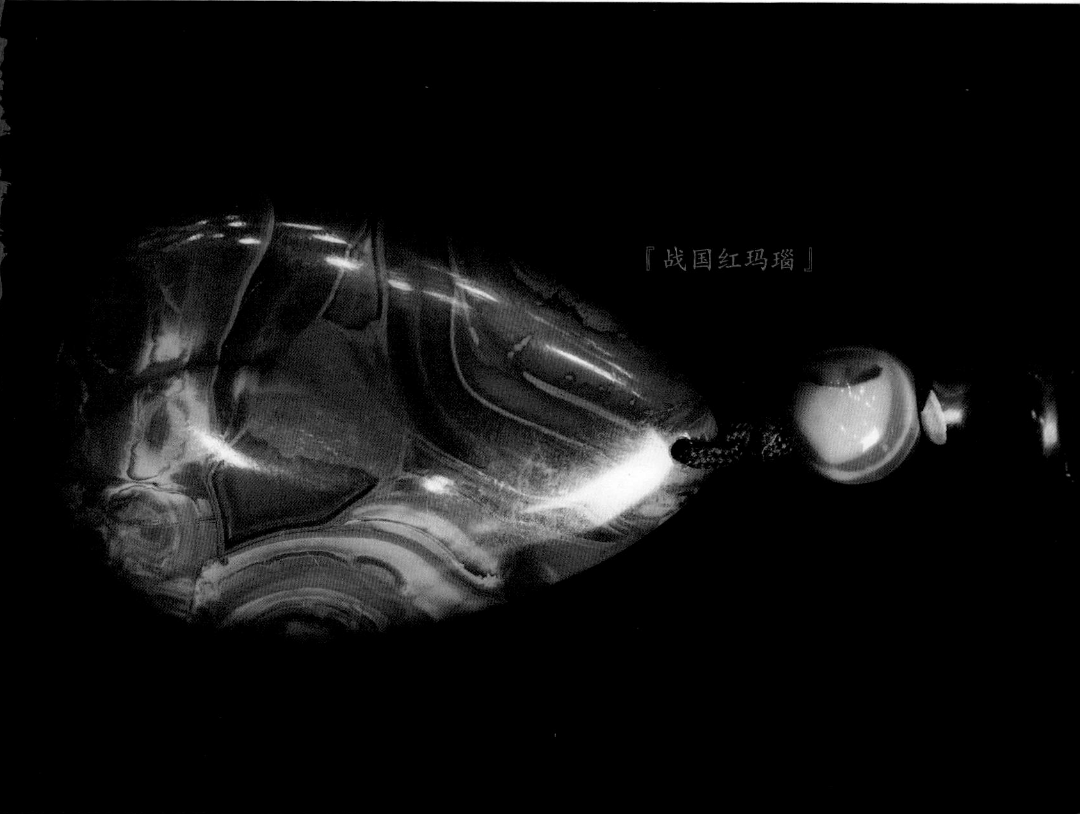
『战国红玛瑙』

的玛瑙。相对的“西红”是指天然未加工处理的红缟玛瑙。无论目前所说“战国红”玛瑙是否为战国时期出土的红缟玛瑙,但其外形、色泽、特征都十分相似，且都属于“西红”范畴，因此，收藏界和文玩市场都沿用了这个称谓，只在称呼时表明是否为出土。

2.“战国红”的特质

战国红玛瑙是一种红缟玛瑙。“红缟”是个广义称呼，一般将晶体内纹带呈“缟”状的玛瑙称为“缟玛瑙”，其中有红色纹带者最珍贵，称为“红缟玛瑙”。战国红玛瑙的普遍特点是质地细腻、通透性强，颜色以红色、黄色、白色为主。红、黄、白根据程度不

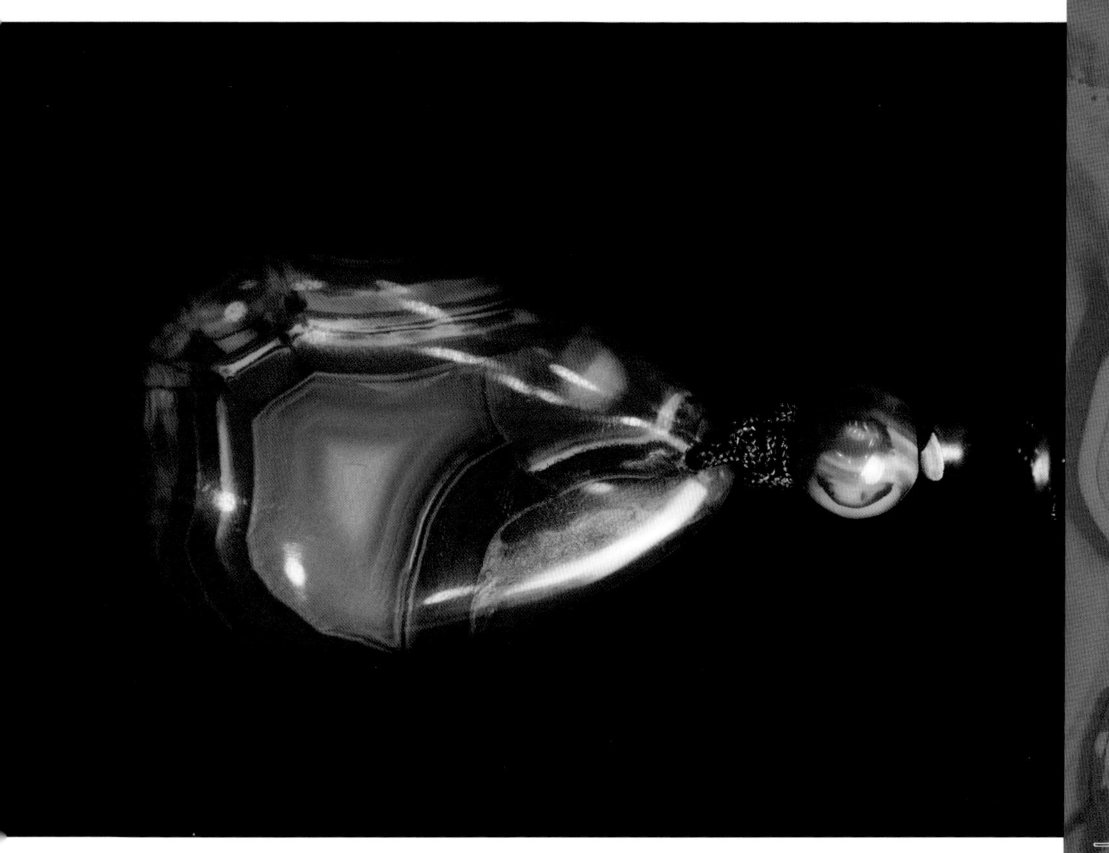

同还有不同的细分。有的色调偏红，夹有黄丝、金丝；有的色调偏黄，掺有红丝。白色往往如白蜡色，呈带状分布其内。另外还会有黑色、紫色、绿色、青色等颜色交杂其中。一般情况下，战国红玛瑙多和水晶共生，所以在玛瑙晶体内还会包裹水晶的晶体。

无论是出土的战国红玛瑙还是目前文玩市场上的战国红玛瑙，其内部一般多含绺裂，出土的战国红缟玛瑙品质会更胜一筹，除了颜色更为明快（主要是红色、黄色）外，出土的战国红缟玛瑙由于成品时间长，表面往往有一层细细的包浆，色泽和手感都更加温润。

第二章
战国红玛瑙解密

一、战国红玛瑙的生成

1. 玛瑙的形成方式

玛瑙形成的追溯十分遥远，可到数亿年。地下岩浆由于地壳变动而大量喷出，熔岩冷却时，蒸汽和其他气体形成气泡。气泡在岩石冻结时被封在其中形成许多洞孔，融化的二氧化硅胶体溶液充填于岩石的裂隙或洞孔内。

经过很长一段时间后，洞孔内的二氧化硅熔液上升到地表并凝结成硅胶。含铁岩石或其他岩浆所含的岩石泥土中的成分进入硅胶，渗入已有岩石的空腔内，最后形成的二氧化硅隐晶体矿物，便是玛瑙。玛瑙中的各种颜色是因岩浆所含的各种致色离子不同而产生。因此，不同产地的玛瑙会有不同的颜色和内部结构。

2. 红缟玛瑙

『玛瑙』

玛瑙因其晶体内部的成分不同呈现出不同的颜色，一些玛瑙的内部因混合有蛋白石和隐晶质石英，而形成纹带状块体，色彩相当有层次感，呈半透明或不透明，这种玛瑙被称为缟玛瑙。

颜色以红色为主的缟玛瑙统称为红缟玛瑙。

3. 战国红玛瑙

战国红玛瑙通过取材、选料、加工后，其颜色的表达层次之多是红缟玛瑙中的上品。

关于战国红玛瑙的成因，地质学的解释是：战国红玛瑙是在酸性富硅火山岩热液中形成。随围岩的缓慢运动进入变形的不规则孔洞，因热液注入而分期次形成。第一次热液注入通常充满整个孔洞，称为第一期成矿。其成矿又分为四个阶段：二氧化硅雏

晶成核阶段、短纤维生长阶段、长纤维生长阶段、晶质石英晶出阶段。

新的热液注入可能发生在第一期成矿完成之后或过程之中，通常反复第一期成矿的后两个阶段，最终以中心孔洞被充满或无法再进入新的热液为止。因此战国红玛瑙往往出现中心含有透明玉髓或晶质石英后再次出现条带及晶质石英的现象。

在战国红玛瑙成矿的整个过程中，富有美感的条带的形成不仅受孔洞内热液浓度、离子含量的影响，还受埋藏深度及温度的影响。一般认为：环境条件的韵律性变化、热液的脉动状注入都是战国红玛瑙形成丰富多彩的内部结构的重要因素。

二、战国红玛瑙的形态

战国红玛瑙是一种隐晶质石英质玉石，主要以不规则块状、脉状等形态存在，一般产于具明显流纹状构造的流纹岩内，也可出产自具斑状的围岩中；其色彩特征为红色黄色、红色白色相间的条带，玻璃光泽，微透明－半透明，折射率与相对密度均与其他石英质玉石相似。

『战国红玛瑙中常伴有透明和不透明的带状分布』

从显微镜中观察战国红玛瑙，通常从周边的岩石到晶体中心会有四种类型：细粒结构，短纤维状结构，长纤维状结构和晶质石英，其中长纤维和短纤维占较大比例，常规律地重复出现。纤维通常以一点为中心呈放射状生长，若是生长中心较为密集，纤维可近平行生长，在中心相交处形成一条线。晶质石英从小颗粒长至大颗粒，晶形明显，有时中间还会再次出现纤维状生长。这种现象的出现可能是由于地质条件的变化及后期热液注入引起。

在扫描电镜下可见战国红玛瑙的结构主要由细小的球粒聚集而成。细小球粒中孔隙较多。

『战国红玛瑙有丰富的颜色变化』

肉眼观察下，战国红玛瑙兼具玛瑙顶级的色和丝两种特点。其丝主要为红、黄色，丝间的过渡色则有红、黄、绿、紫、无色等多种。而各色在色谱上均有很宽泛的过渡，黄色从土黄到明黄，红色从暗红到血红。如此之多的颜色和复杂的缠丝相结合，形成了战国红玛瑙千变万化的特点，可谓极尽自然变化之能事。战国红玛瑙不仅向人类展示了水汽凝结时的曼妙多姿，同时也呈现了岩浆涌入岩石缝隙时的无穷变化。

在战国红玛瑙的形成过程中，当岩浆在凝结时，常以类水晶质为核心，此种核心质地松软，密度低，民间俗称矾心。战国红原石中绝大多数都带有矾心，矾心多因质地松散而无法抛光，所以成品中如带有矾心，一般视为瑕疵。但有极少数的硬矾存在，虽然也带有矾心，但是依然可抛光，品质稍好。

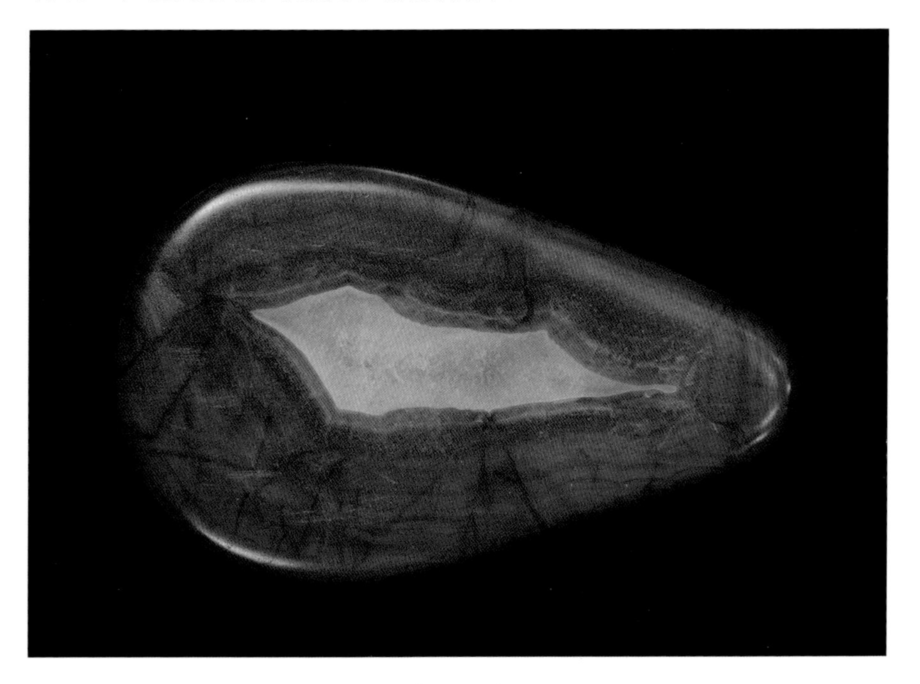

『矾心』

战国红玛瑙中也有透明的玛瑙，此种玛瑙有的颜色偏黑、有的偏白，俗称"冻料"或"青肉"。冻料的存在为战国红玛瑙添加了透光性，使战国红玛瑙具有更多变化。当"冻料"夹在红黄缠丝之间时，就形成了一种特殊现象，这种现象文玩界俗称"动丝""闪丝""活丝"或"三维丝"。在有色玛瑙（多为红色，少数为黄色）缠丝之间填充了透明的冻料玛瑙层，且有色玛瑙缠丝间距很小，冻料玛瑙层可透光。在改变视线角度时，产生透光差异，出现立体化的三维效果，视觉上好像是丝在动。因此战国红玛瑙"动丝料"具有颜色鲜艳、观感奇特的特点。因动丝料较少，更显珍贵。

第二章 战国红玛瑙解密

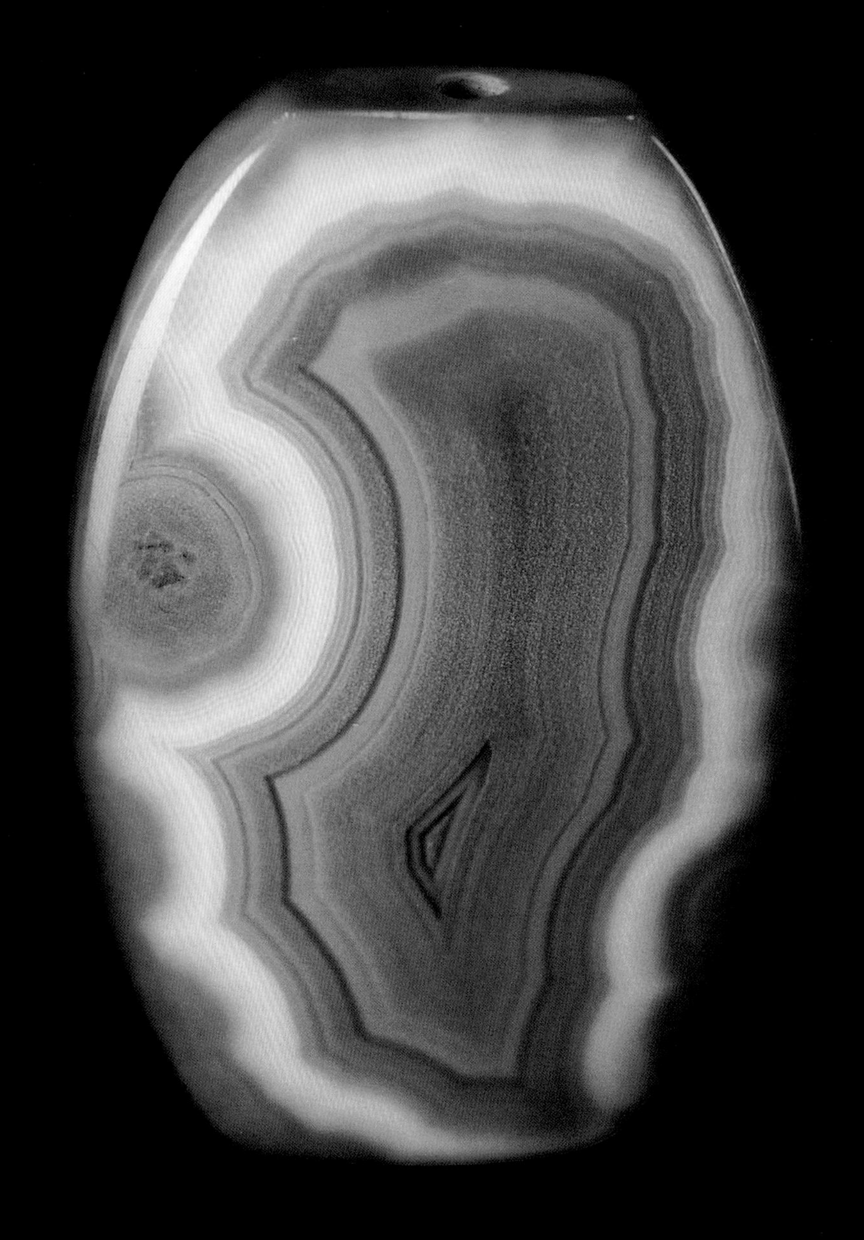

战国红玛瑙中还有一种横断的色纹，俗称“水线”或“石线”。可能是经过二次地质变迁，已形成的玛瑙再次震裂，岩浆热液再次涌入，冷却后形成“水线”。“水线”通常将战国红玛瑙的丝或色隔断，在用手电为战国红玛瑙器物打光时，“水线”能将光阻隔，在器物中形成两个光感的世界。

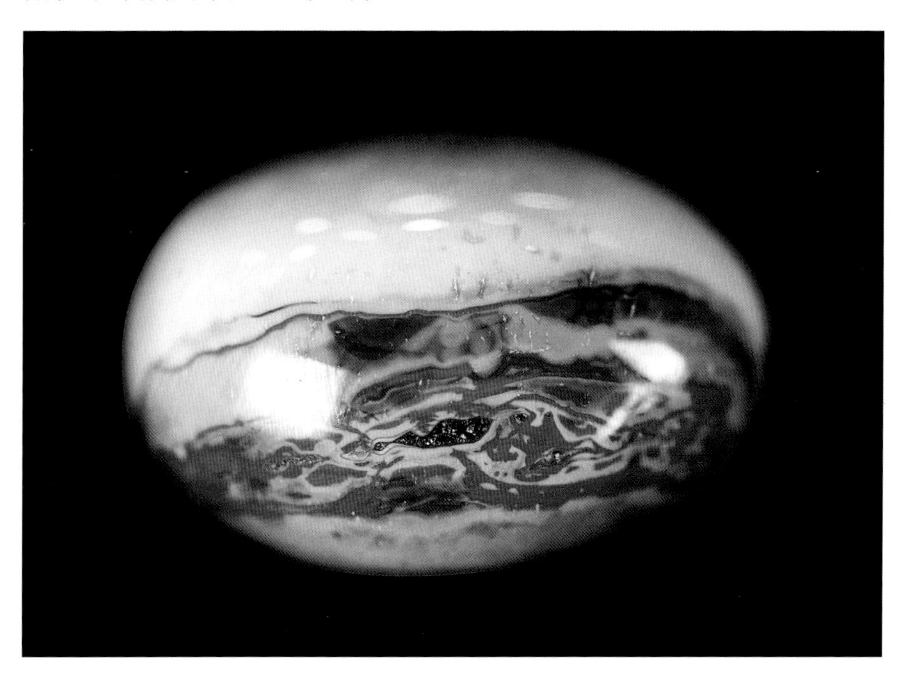

『水线』

三、战国红玛瑙成分

战国红玛瑙主要的化学成分为石英，也含少量斜硅石和 1% 左右的水。由于其与水化二氧化硅（硅酸）交替而常重复成层。

战国红玛瑙中含有丰富的颜色及色彩的过渡，是因其内部夹杂了氧化金属（主要致色元素为铁元素，并存在部分铝元素替换铁元素。)，由于氧化金属含量比率不同，战国红的颜色可从极淡色一直到暗色，形成不同颜色的玉髓。

战国红玛瑙的色彩层次，视其所含杂质的种类及多少而定，通常呈条带状、同心环状、云雾状或树枝状分布。其不同种类玛瑙颜色的形成与玛瑙本身所包含的多种微量化学成分和微量矿物成分密切相关，如铁、铝、钛、锰、镁、钾、钠、钒等微量元素及绿泥石、赤铁矿、钠云母、铁锰质等矿物。不同玛瑙纹环带的形成与玛瑙本身微量化学成分、矿物成分的分布状态有关。

因战国红玛瑙中含有 1% 左右的水，在高温情况下会出现失水。因此很多出土的战国红玛瑙会出现干枯萎缩的现象，这也是由于其内部水分失去造成的。

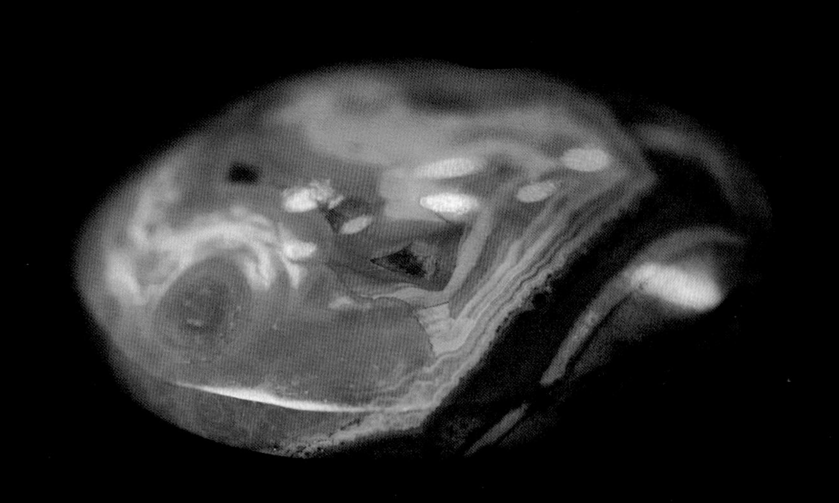

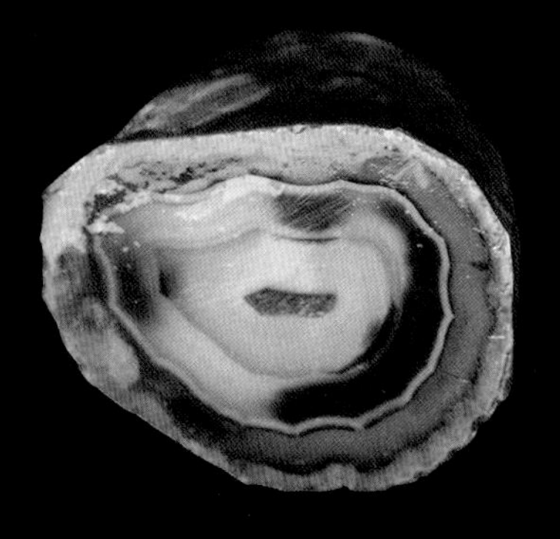
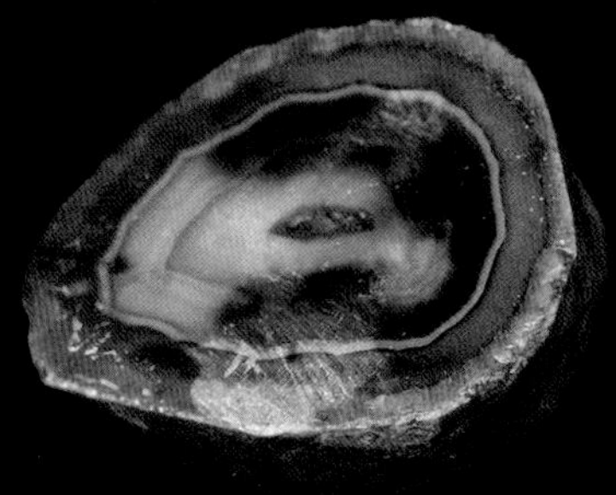

『同心状原石』

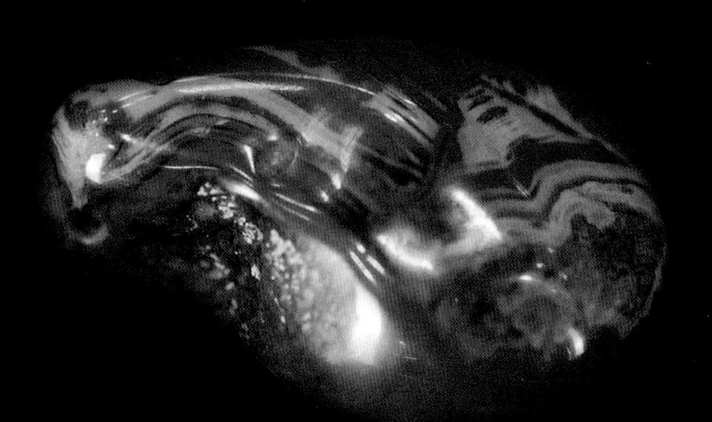

『带状分布』

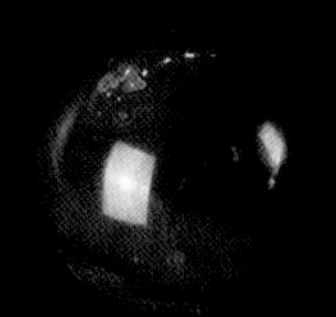
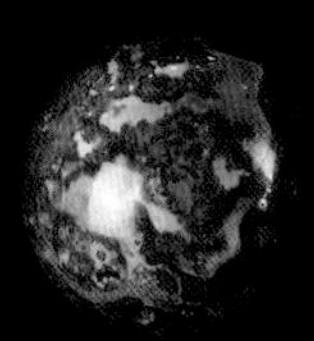
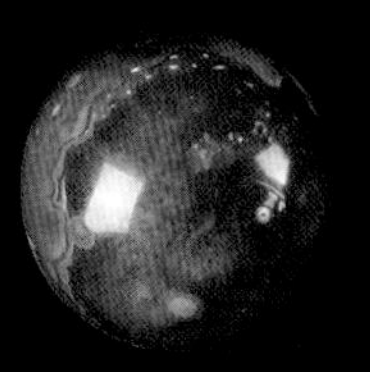
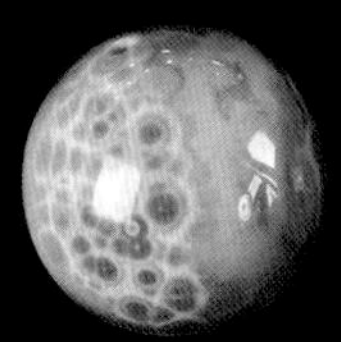
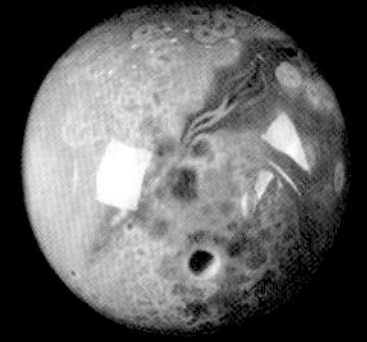

『战国红色彩可从极淡色一直到暗色』

四、战国红玛瑙产地

世界上玛瑙的著名产地有：中国（我国玛瑙产地分布广泛，几乎各省都有四川、云南、黑龙江、辽宁、河北、新疆、宁夏、内蒙古等。）、印度、巴西、美国、埃及、澳大利亚、墨西哥等国。墨西哥、美国和纳米比亚还产有花边状纹带的玛瑙，称为“花边玛瑙”。

战国红玛瑙的产地，主要指近年国内发现和开采战国红玛瑙的产地。主要是辽宁北票、建昌，河北宣化，浙江浦江，山东潍坊，内蒙古等。其中北票的战国红玛瑙为矿玛瑙，宣化的战国红玛瑙为蛋玛瑙，建昌的战国红玛瑙为矿玛瑙和蛋玛瑙兼有。

《天工开物》中对张家口地区所产的玛瑙有较为明确的记载：“今京师货（玛瑙）者，多是大同、蔚州九空山、宣府四角山所产，有夹胎玛瑙、截子玛瑙、锦红玛瑙。”古代文献记载，战国时期，北方主要产自燕赵区域的玛瑙有两个产地，一个是今天的阜新辐射区（扶余和挹娄），其出产的玛瑙被誉为“赤玉”，另一个是河北省蔚县、宣化等，其出产的玛瑙被称为“琼玉”。

可见张家口地区的玛瑙至少在明朝时期还有相当数量在加工和开采，只是后来不知什么原因消失在人们的视野中。而今，宣化地区又再找到战国红玛瑙的矿脉，重现战国贵族饰品的风采。因辽宁朝阳北票一带开采的被称为“战国红”玛瑙，所以宣化地区的被称为“上谷战国红”。

『河北战国红矿区』

参考现有玛瑙标本来进行比对，阜新玛瑙并不符合的战国时期红缟玛瑙一般特点，在未出现新的考古证据的情况下，基本可以认定战国时期红缟玛瑙的产地位于今河北宣化、蔚县、阳原一带。明清时期张家口玛瑙是贡品，主要矿脉是宣化、蔚县、阳原一带，直至乾隆年间已绝矿。随着国内收藏市场的火热，四川南红、北票战国红陆续被发现，大大激发了淘宝者的热情。人们开始追根溯源探寻战国红的踪迹，在2012年年初终于在河北宣化洋河南的一个小山发现了它。

综上所述，战国红的概念，是由辽宁玛瑙商以阜新北票山玛瑙为载体于2011年之后带入收藏市场并在短期内兴起的。但真正战国时期使用的红缟玛瑙，产地应在今天河北省宣化地区。

在考古发现的统计标本中红缟玛瑙以红缟珠的标本数量较多。其中约有一半或更高比例出现在今河北地区，其余分布在今山西东南部、南部，山东西部，内蒙中南部，河南北部，安徽北部这一大片区域，基本属于今河北地区辐射区，剩余极少量的分布于今辽宁西南部，江苏以及当时的楚文化区域。

根据这种统计仍然可以看到一个以战国时燕赵两国实际控制地区为中心的古代战国红玛瑙的产地区域。

目前国内战国红玛瑙的产地有：辽宁省北票市泉巨永乡存珠营子村以及十家子等地；河北张家口宣化地区三台子村附近及桑干河流域地区。其中宣化县出产的上谷战国红玛瑙主要产自塔儿村乡滴水崖一带。本书主要介绍辽宁北票和河北宣化战国红 。

辽宁战国红玛瑙的产地位于辽宁省朝阳市与阜新市交界处，行政区划隶属北票市泉巨永乡存珠营子村一带。该地区地处北票与阜

新交界处，于寺中生代火山盆地结合部位，该地区中生代间歇式裂隙火山喷发强烈，岩性为基性到中酸性的熔岩及火山碎屑岩，为成矿提供容矿构造和物质来源，是玛瑙矿成矿的最有利地区之一。

战国红玛瑙矿区目前已知的一条含矿带，呈东西走向，向北倾，倾角为 30° 左右，露出地表部分呈 V 字形。东西长 4 千米左右，宽度从几米到 150 米左右。战国红玛瑙矿呈大小不等的细脉状和团块状赋存于矿化体中，重量从几十克到几千克，产状与似层状矿化带一致。玛瑙矿石呈红色、黄色、杂色、白色、无色，透明度为半透明；色泽柔和，质地致密，局部有溶蚀孔（洞），有小晶簇。

该产区战国红玛瑙的摩氏硬度大约为 6.5，不透明，质地较脆，并且石皮较厚，雕刻较为困难，出材很低。因此，市场所见多为手串或较小雕件、半原石作品或原石，极少见到大中型玛瑙作品。

北票早期所出的战国红玛瑙矿石，冻料较少，但红、黄颜色艳丽，缠丝明显，其中被称为“动丝”“活丝”或“闪丝”的料尤为珍贵。北票战国红中的上品多于这一时期出产。中期冻料出现较多，红色、黄色艳丽度下降，但缠丝增多。中期偏后出现了土黄料、深红料，料性也趋干，润度下降，但仍不失美丽与华贵。不得不说的是极品料仍未绝产。由于北票战国红矿脉的大面积发掘，各种有特点的料均有出现，如带水草的料、紫冻料、白瓷料。因为当地政府对于开采的限制，也使很多精品料色暂缓与世人见面。

战国红玛瑙之美在于其色的浓艳纯正，其质的光华内敛，其形的温润娇嫩，其颜色有红、黄、白等，其中以红缟多见。好的战国红玛瑙其红色纯正厚重，类似鸡血石；其黄色凝重温润类似田黄；其白色飘逸如带。红缟和黄缟集于一石或全为黄缟者较为珍贵，带白缟的更少见。部分战国红玛瑙带白色水晶晶体。

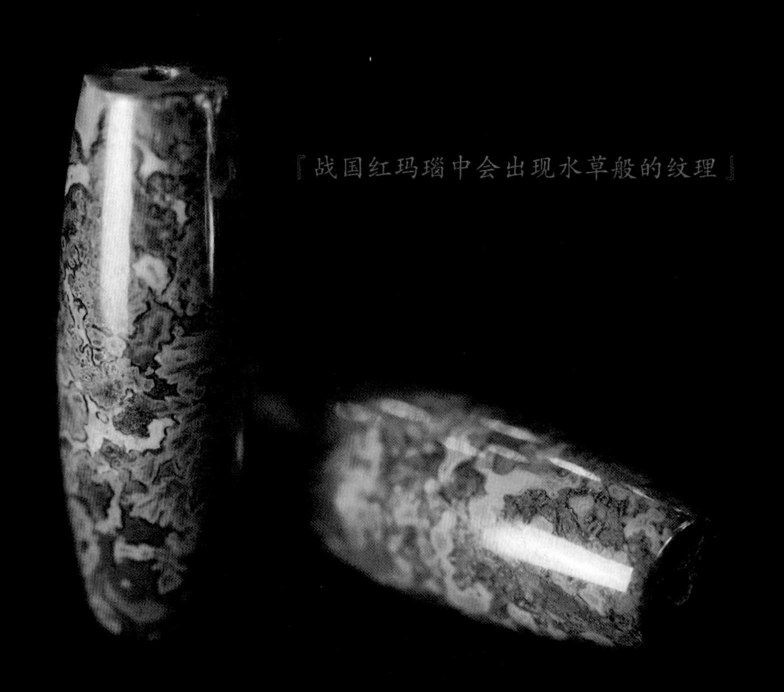

『战国红玛瑙中会出现水草般的纹理』

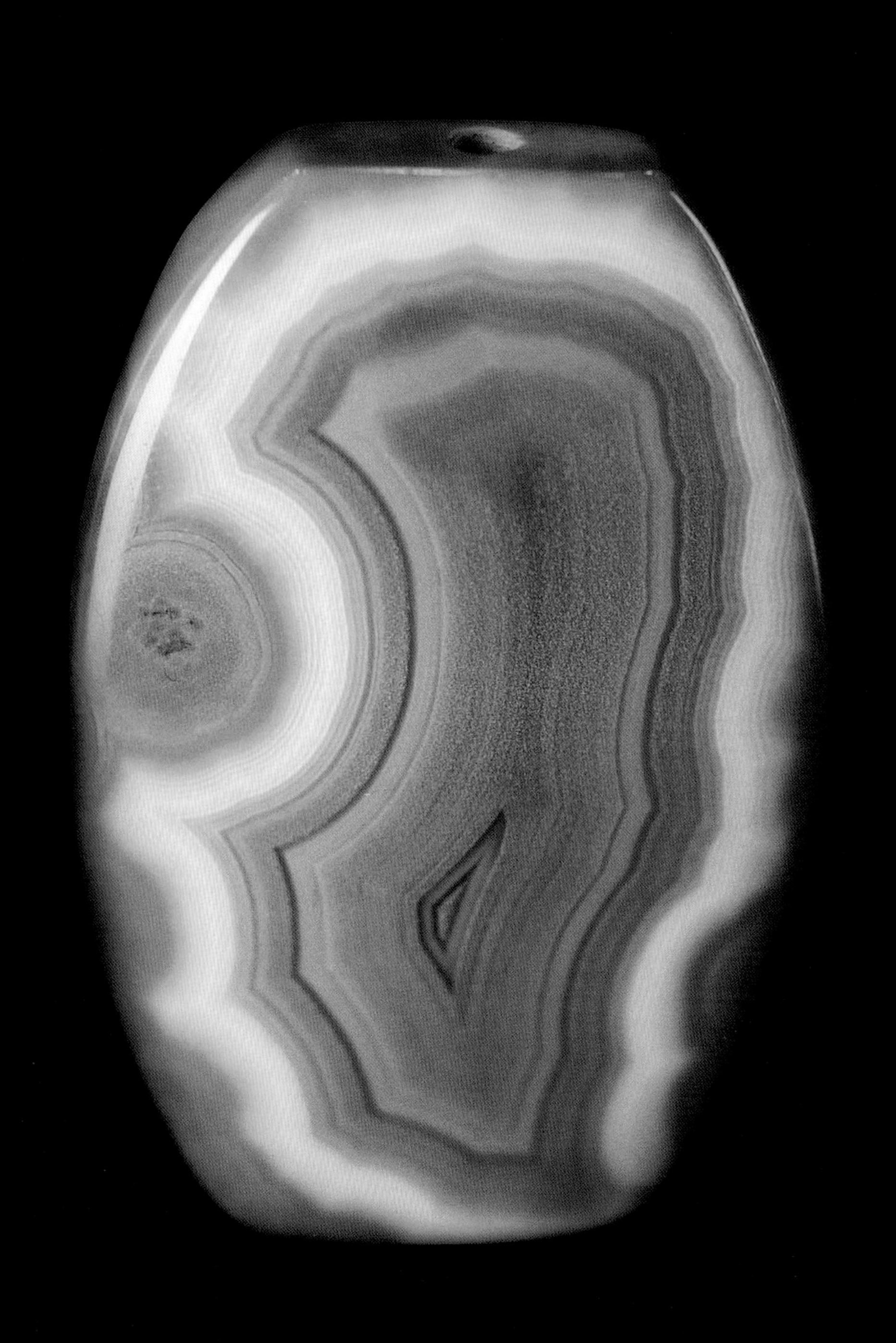

『黄缟战国红玛瑙』

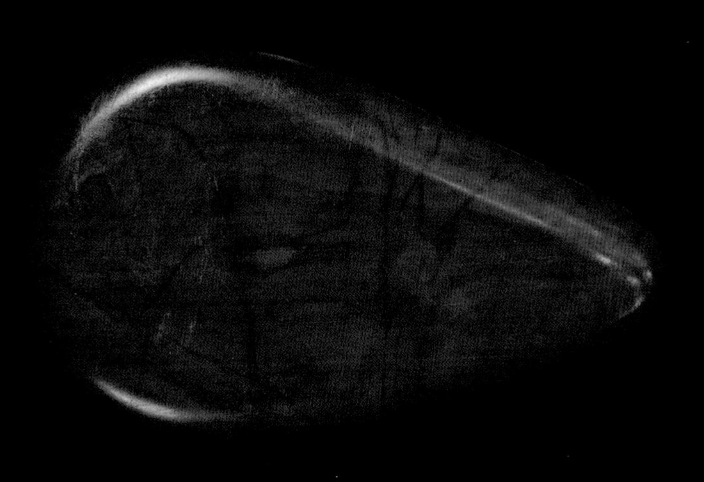

『红缟战国红玛瑙』

『白瓷料』

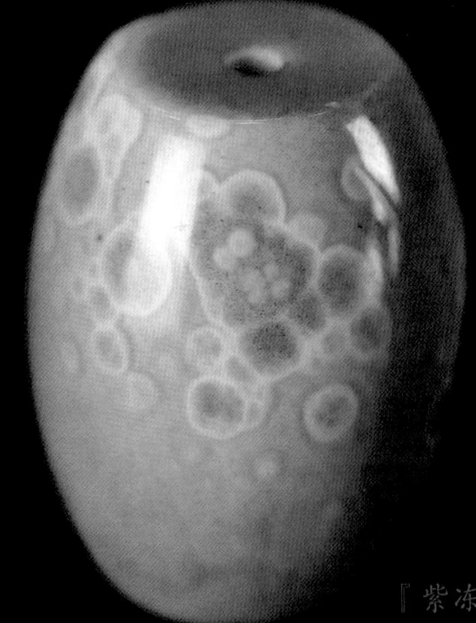

『紫冻料』

『红黄顶级料』

第三章 文玩战国红玛瑙

一、品质判断

战国红玛瑙颜色艳丽、历久弥新，又有战国后突然消失于历史长河之中的神秘背景，深受众人喜爱。2011 年后，战国红玛瑙在文玩市场中形成了一定的市场基础和玩家群体。

在文玩市场上，玩家们根据战国红玛瑙材质的不同特征和稀缺程度对其品质、价值高低进行了细分。其中主要以战国红玛瑙原料的内部结构、润度（光泽度）、颜色三个标准对其进行划分。

1. 内部结构

战国红玛瑙的结构具有玛瑙的普遍特点，即缠丝为主，且折角突出，变幻瑰丽。这也是战国红玛瑙为人们所喜爱的原因之一。战国红玛瑙通过其变幻的结构向人们诠释着大自然的神奇力量。一般将战国红玛瑙所具备的结构特点分为三种：层叠、扭曲和矾。

（1）层叠

战国红玛瑙的层叠结构是指其内部不同颜色部分相互叠加在一起的状态。其中，不同的色层之间有明显的分界，极少出现色层混合的情况。战国红玛瑙多为红、黄色层的叠加，色层间会出现过渡色，但仍有清晰的界限，也会出现其他颜色掺杂，比如紫色、绿色、白色等。

各色层的层叠常会出现弯曲，当多层的弯曲有规律地叠加在一起时，就形成了战国红玛瑙中绮丽多变的缠丝结构。战国红玛瑙的缠丝多折角，且多呈锐角结构。

『层叠』

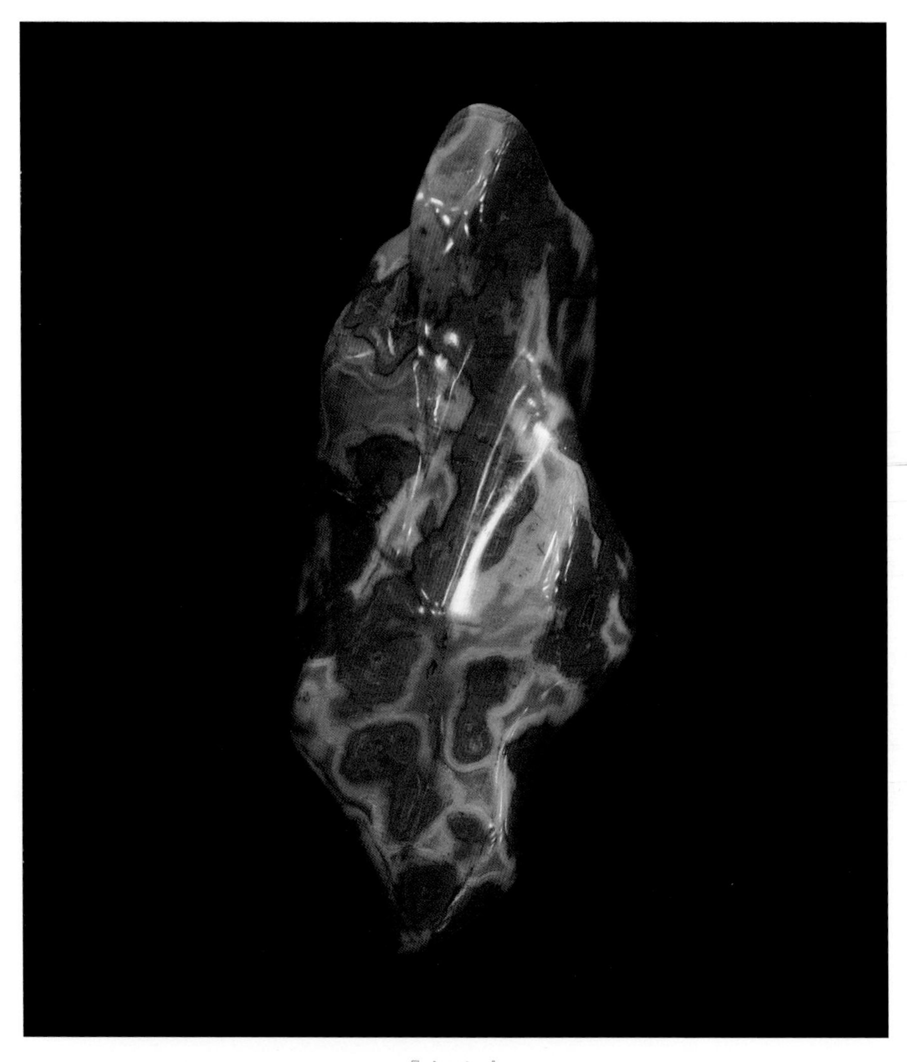

『扭曲』

（2）扭曲

扭曲结构是战国红玛瑙另一个显著的结构特征，当战国红玛瑙色层间发生大幅度，反复的弯曲时，就形成了扭曲结构。这种扭曲有些会形成曲线闭合，令战国红玛瑙上的纹理如同扭曲的同心圆般扩散。成就出一种独一无二的美感。

『矾』

（3）矾

在战国红玛瑙形成的过程中，容易在原石的内部凝结出水晶，这种融合了玛瑙和水晶的结构，俗称为“矾”或“矾心”。这种情况在战国红玛瑙以外的多种玛瑙中都有存在。矾分为软矾和硬矾，软矾硬度低，无法抛光，在文玩品中一般被视为瑕疵。硬矾密度高，硬度也高，如果形状美观，生长的位置也好，还能为成品加分。在个别大块的战国红玛瑙原石中，还会出现水晶簇和水晶洞的特殊结构。

在战国红玛瑙的结构中，一般“层叠”和“扭曲”是共同存在的。由此会形成千变万化的不同类型。这也正是战国红玛瑙的特别之处。

在文玩市场上，还有两种比较特别的结构。

（1）“动丝”：前面介绍过，“动丝”的特点在于独特的视觉效果。当战国红玛瑙内部色层间夹有一层薄薄的水晶层时，就会令不同的色层间产生透光差异，让人感觉好像丝在动一般。在文玩市场上，“动丝”是战国红玛瑙的一大卖点，通常动丝的丝越细长度越长，形成的曲折越多变，其品质就越好，价格也越高。

（2）“千层板”：“千层板”结构是战国红玛瑙“层叠”结构中的特殊情况。这种情况在其他玛瑙中也常有出现。即当玛瑙内部所有的色层均以平行的方式层叠在一起时，便将其称为“千层板”。在战国红玛瑙的“千层板”结构中，红色、黄色、透明色均有出现，甚至会出现“动丝”的效果。“千层板”“动丝”均有的战国红玛瑙原料是极为少见的品种。

2. 润度（光泽度）

战国红玛瑙的质地可分为高光泽度、通透、干涩三种，其中光泽度越高的品质越佳。根据玉石的标准，一般将光泽度较高的原料称为高润度料。高润度料中含水分高，从外观上看，如同涂了一层油。因此，战国红玛瑙中有一种颜色明黄、润度较高的料子，在文玩市场上被称为“鸡油黄”。

在文玩市场上，一般将那种含有色层较少，透明部分较多的战国红玛瑙称为通透料。这种战国红玛瑙原料含水高，质地也细腻，但在视觉上缺少油润感，品质次于油润料。战国红玛瑙中还有一种质地较为干涩的料，此类品质最差。

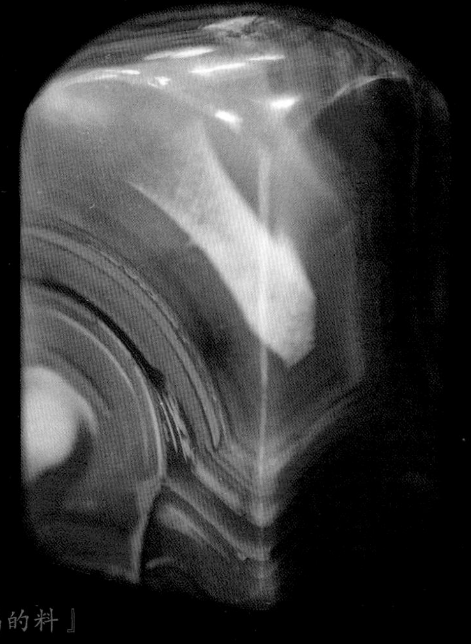

『光泽较高的料』

『缺乏光泽，质地干涩的料』

3. 颜色

战国红玛瑙的核心品质是其出色的色彩表现力。红色、黄色是战国红玛瑙的两种主要颜色。多数战国红玛瑙都具有这种颜色。同时，战国红玛瑙还有紫色、白色、绿色、黑色、青色这几种颜色，其丰富的色彩无愧于“五彩石”之名。

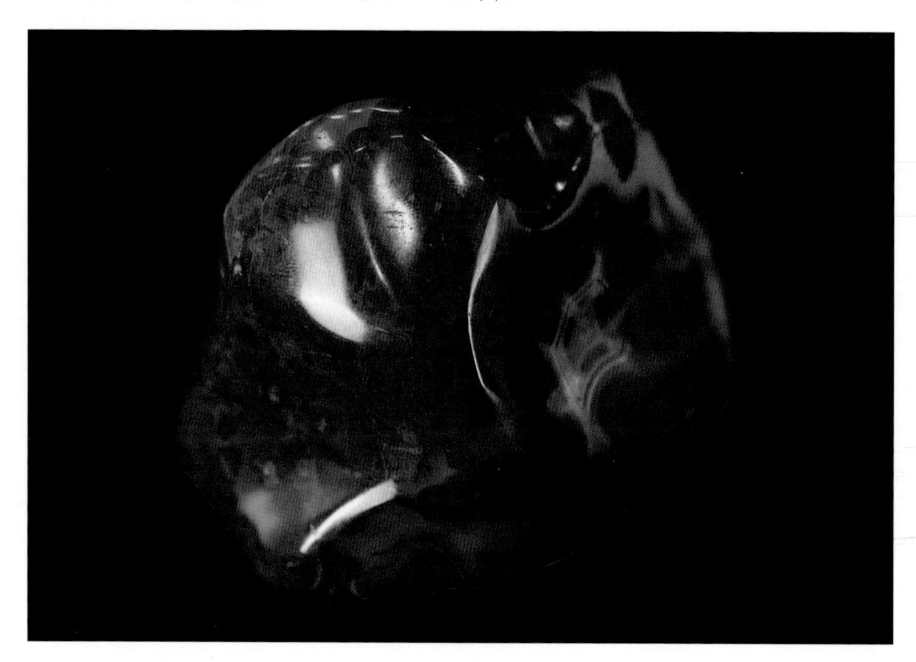

『血红料』

（1）红色

战国红玛瑙被冠以“战国红”之名，红色自然是它的主色。不同于其他的红玛瑙，战国红玛瑙的红色包含了深红、大红、朱红等不同色彩。这其中，越是明艳的红，品质就越出众。战国红玛瑙的玩家们根据战国红玛瑙红色的艳丽程度不同，冠以不同的称谓，其中以最接近血色的血红为最佳。血红中也分为“牛血红”“鸽血红”等不同的叫法。在一块只有红色的战国红玛瑙中，也会出现不同的红色，极少会有一块只有一种红色的原料。

（2）黄色

战国红玛瑙中另一种重要的颜色是黄色。且相比较而言，黄色的战国红玛瑙原石更加稀少，价格也更高。战国红玛瑙的黄色分为柠檬黄、橘黄和土黄，且这三种颜色经常会在同一块原石上出现。有时，战国红玛瑙中的黄色还会过渡到绿色。

同红色一样，战国红玛瑙中的黄色也以明艳者为佳。因此，首推艳丽的柠檬黄。柠檬黄的数量稀少,颜色会带给人一种清亮愉悦的感觉。

当战国红玛瑙同时具备了明亮的黄色和高润度时，可将这种颜色称为“鸡油黄”。“鸡油黄”是战国红玛瑙中极受玩家推崇的品种，其亮点在于具备了油润的光泽。“鸡油黄”的黄色一般在柠檬黄色和橘黄色之间，黄色越是艳丽价格越高。

黄色偏向土色,材料干燥,缺少光泽度的战国红玛瑙称为土黄料。

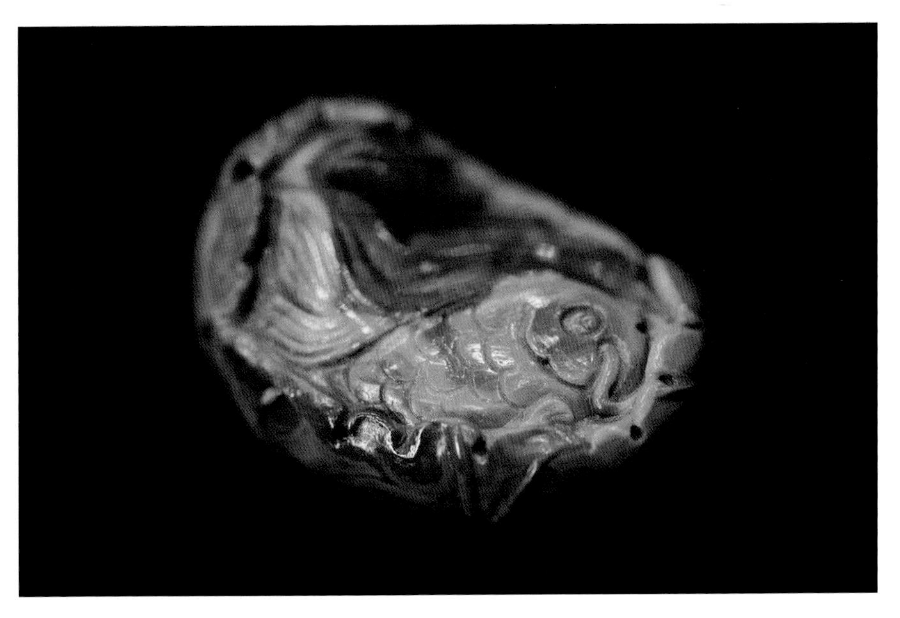

『鸡油黄』

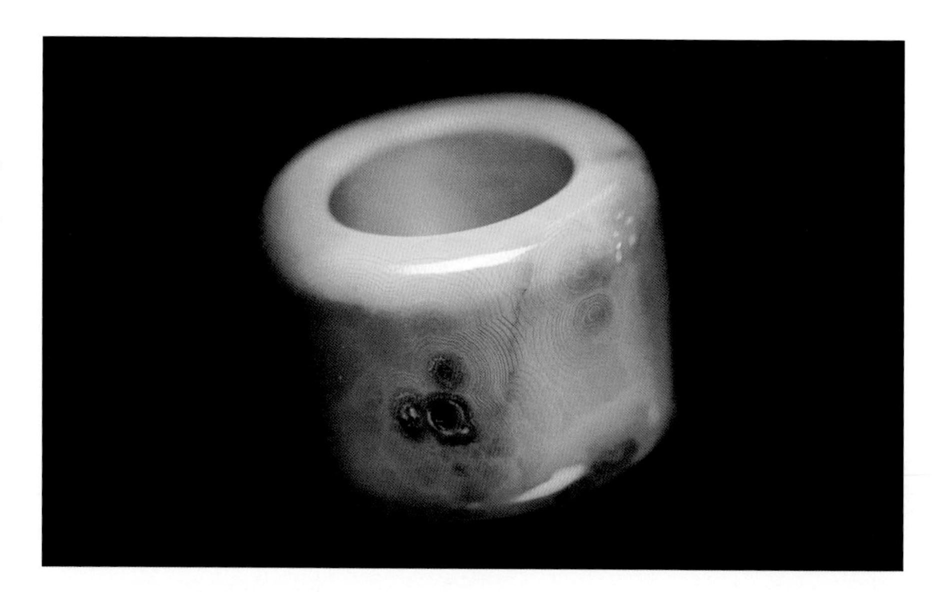

『柠檬黄』

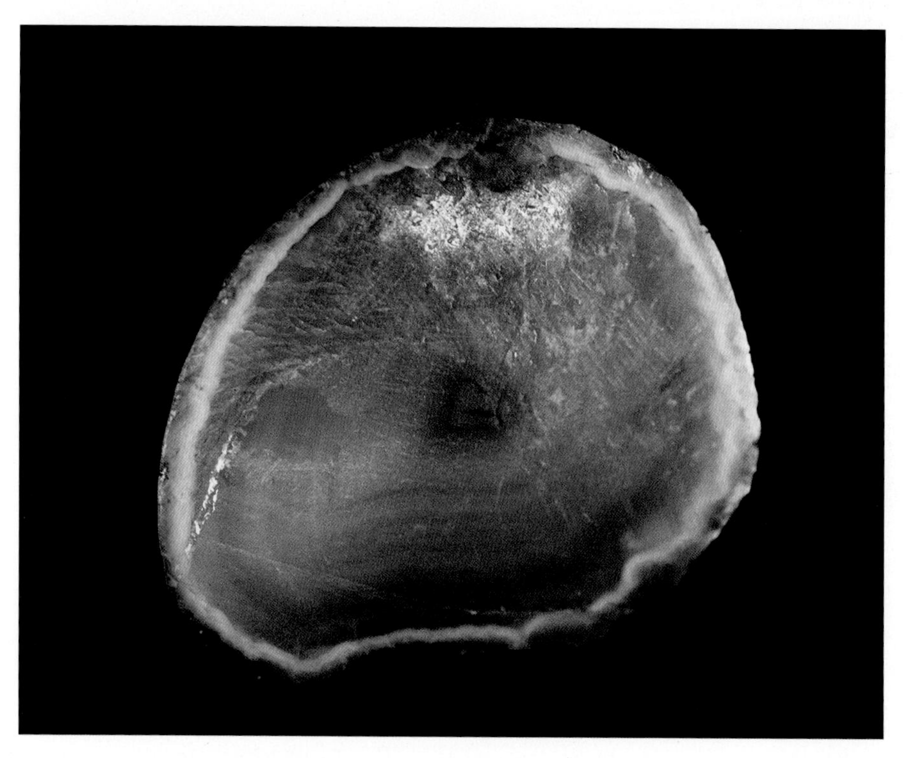

『质地透明的战国红玛瑙原石，属于紫色冻料』

（3）紫色

战国红玛瑙中的紫色常常以透明－半透明的水晶态存在。也有由绿色过渡而来。紫色也常有从暗紫色到淡紫色的过渡。

（4）绿色

战国红玛瑙中的绿色常由黄色过渡而来，一般从柠檬黄到浅绿色、墨绿色，两种绿色间会出现条带状相间的现象。

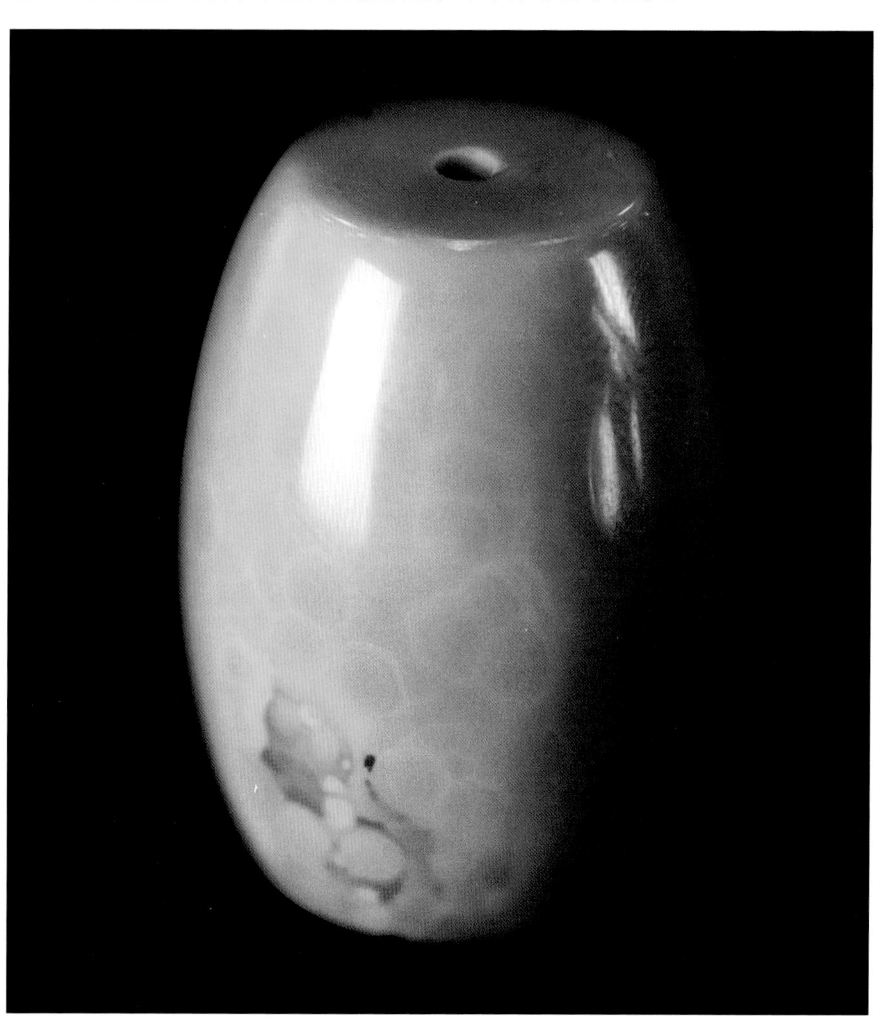

『浅绿色』

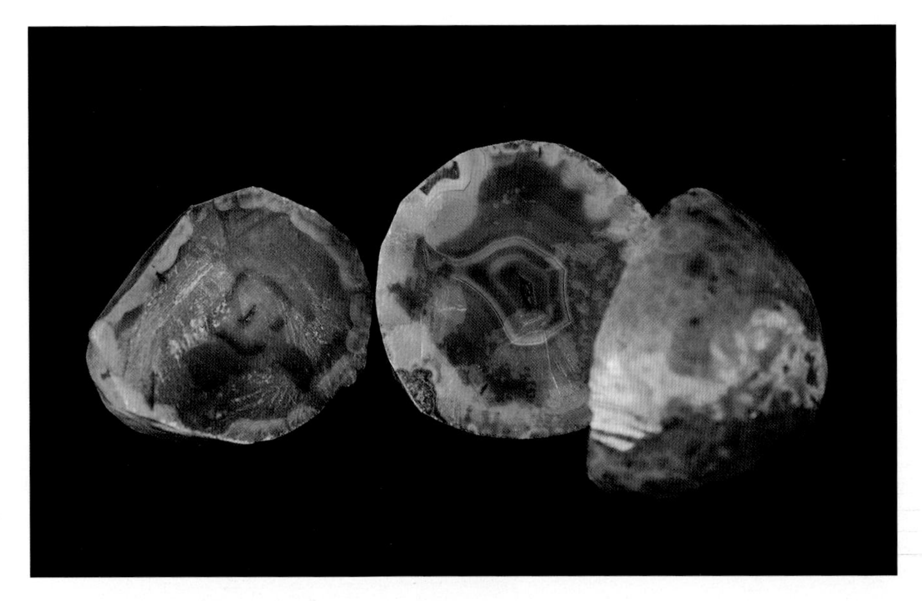

『墨绿色』

（5）白色

战国红玛瑙中的白色分为白缟、白瓷、全白三种状态。

白缟是通常以纯白色缟带状分布在战国红玛瑙中。它往往呈“千层板”状分布在原石的中央，再由其他颜色的色层包裹。

白瓷是指战国红玛瑙中的白色部分不仅色正，而且具有瓷性。战国红玛瑙的白瓷料中常含有红色、黄色色丝，其间也会夹杂有白色、青色、乳白色的玛瑙。白瓷料是战国红玛瑙中难得的上品。

全白战国红玛瑙指的是整块原石中没有其他的色层，一般由丝、矾、冻、白组合而成。由于这种战国红玛瑙原石料性干、密度低，一般很难出成品，因此在文玩市场中价格较低。

（6）黑色

黑色战国红玛瑙分为两种：一种是黑色半透明的冻料；另一种是黑色不透明的黑玛瑙料。

4. 等级分类

战国红玛瑙结构繁复、多变，其品质从优到劣是连续的，各个品种之间没有明显的界限。因此，要判断战国红玛瑙的品级高低，需要根据各个指标，从每一块原石的特点入手。战国红玛瑙以色出名，其艳丽程度是其他矿石难以比拟的。所以，战国红上品的首要要素就是颜色艳丽、色层清晰、不混沌。其次，在结构方面，战国红一贯以扭曲多变，奇诡无方著称。其中结构清晰，方向性好者为上品；碎杂无序者为下品。最后，在光泽度方面，光泽者为上品，干涩者为下品。

『上品』

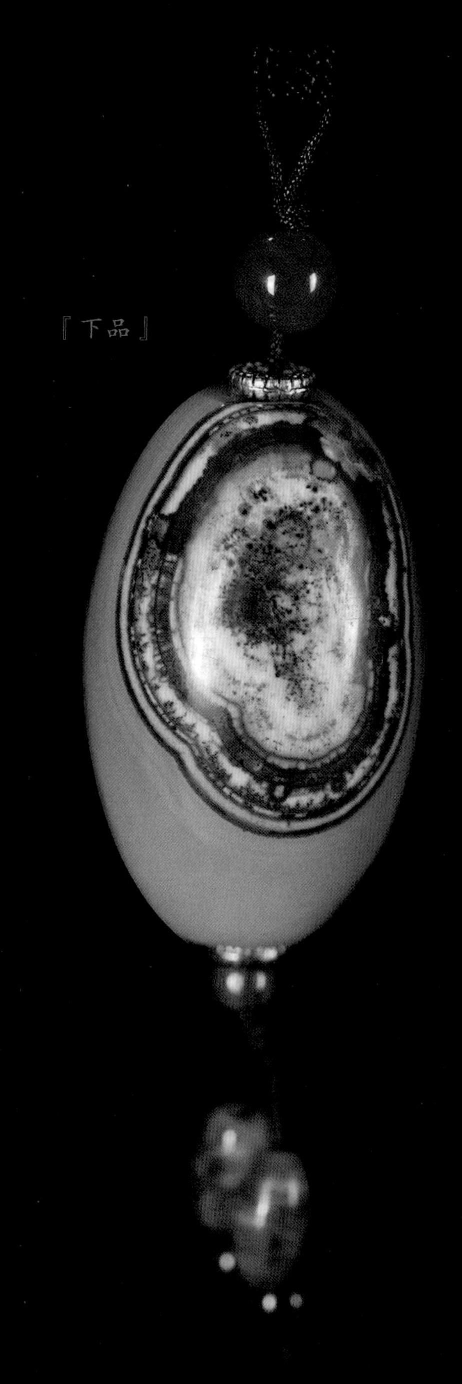

『下品』

综上所述，文玩爱好者在挑选战国红玛瑙时，可以从色彩、结构、光泽度三方面对战国红玛瑙进行分级。色彩艳丽，结构清晰，油润者为上品；色彩暗淡，多矾多裂，干涩者为下品。如鸡油黄动丝，血红动丝料即为极品质地。暗红，土黄多矾，干涩者即为下品。

二、形制与器型

在文玩市场上，玩家们会面临多种不同的战国红玛瑙制品，一般是从原石采到精细加工后再流入市场。商户们会根据战国红玛瑙原石的大小、纹理走向、色彩分布来决定将其加工成何种制式。不同的制式和器型都应尽可能体现战国红玛瑙的美感，尽可能充分发挥原料的特点并降低原料的浪费。一般而言，原料的中心是其颜色和缟丝最丰富和美丽的地方，需要尽量充分利用。下面介绍文玩市场中常见的几种战国红玛瑙制品。

1. 圆珠

战国红玛瑙圆珠是一种较为费料的器型，一般先将原料用机器切成方形或圆柱形（根据材料的具体形状而定），再磨制成圆形。制作圆珠的留料率不超过六成，而对战国红玛瑙这种外形不规则的原料而言，其留料率更低。因此圆珠一般在战国红玛瑙成品市场初期流通较多。当时原石便宜，不怕费料，而圆珠通用性强，市场更易接受，所以广泛普及。因战国红玛瑙料性较脆，直接用机械磨盘磨制，往往易造成珠子碎裂，多为全手工磨制。因开始时技艺不够娴熟，所以加工出的珠子难有正圆，这也算初期市场中战国红玛瑙加工的特色了。圆珠以直径大小分级，直径越大越难得。战国红玛瑙大料稀少，而又多裂，直径在 20 毫米以上的圆珠就十分少见，而色艳，丝好，无瑕疵的 20 毫米以上圆珠则为精品。时至今日，战国红玛瑙原石价格飞涨，圆珠由于留料率低，已越来越少。精品圆珠更是一珠难求。

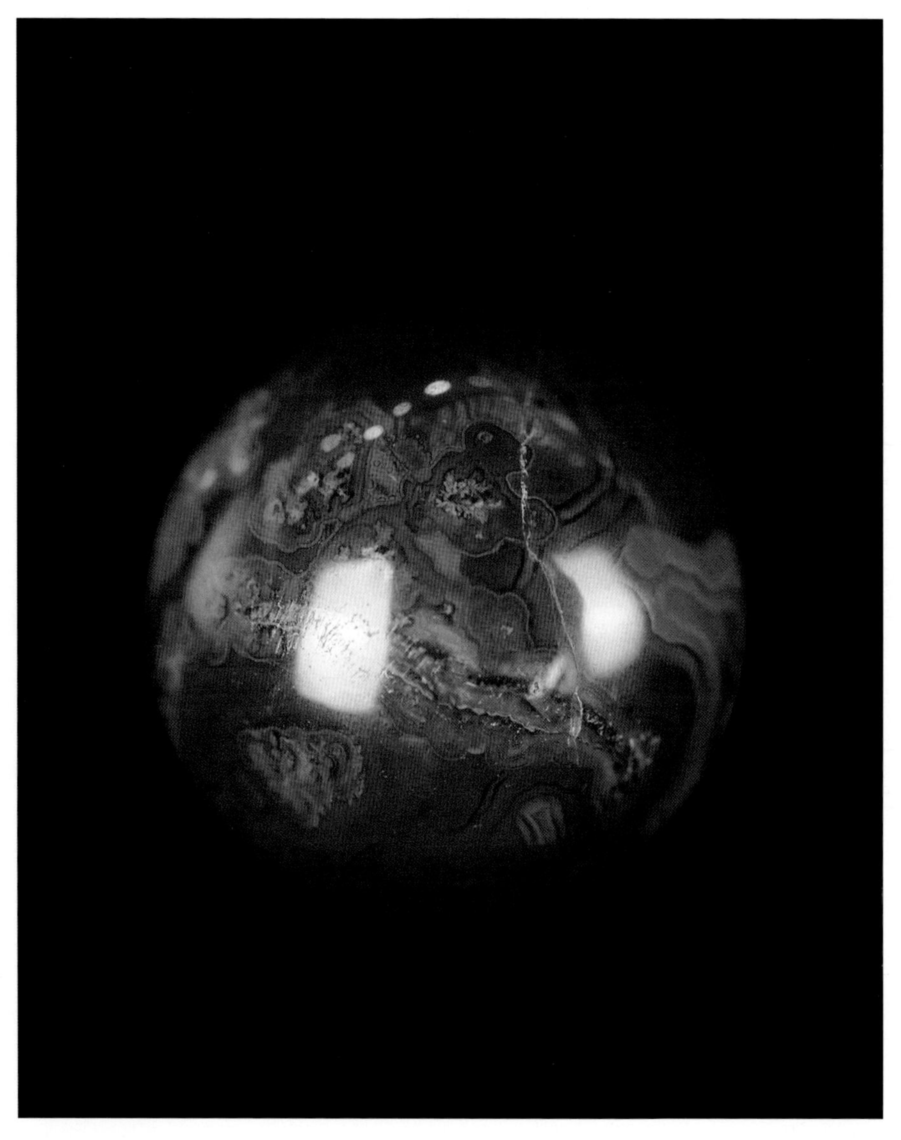

2. 桶珠

战国红玛瑙桶珠是一种使用较多的文玩形制，磨制桶珠的留料率要高于圆珠，成本也要低一些。随着战国红玛瑙原石越来越少，市场价格越来越高，桶珠已逐渐成为文玩市场上的主流珠饰。玩家们常将其用于菩提和木制珠串的搭配。

3. 勒子

勒子为桶珠的变种，即中间粗，两端细的形状。横截面圆形，竖截面近似椭圆。另有横截面也为椭圆的，即为扁勒子。市场上的战国红玛瑙勒子与桶珠同时出现，因其常随原石形状磨制，留料率比桶珠稍高。商家一般根据原料的形态、大小选择加工成桶珠或勒子，相比较而言，勒子的留料率会略低一些。

以上三种，都属于珠饰类。从古代的桶珠开始，国人就有用珠装饰自己的习惯，上至王侯将相，下至平民百姓。珠子的分类也很多，包括：桶珠、管子、勒子、八楞、算盘（扁圆）、圆珠等，种类繁多。

『战国红玛瑙桶珠』

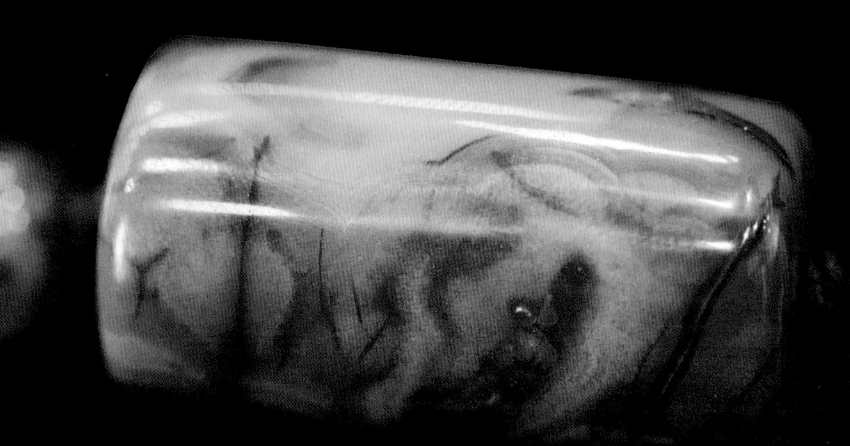

『战国红玛瑙勒子属于文玩市场上常见的制式』

4. 手镯

手镯是玉石类文玩制品中常见的形制，这种制式的使用可考证到石器时代。战国红玛瑙一经出现，便被加工成手镯。手镯需要大块的原石，战国红玛瑙中能套制出手镯的原料十分稀少。因此，文玩市场上的战国红玛瑙手镯并不多见，而一个颜色、丝、质地都十分出众，且加工无瑕疵的战国红玛瑙手镯更是难得一见的重器。

『战国红玛瑙手镯』

5. 环、玦等

环、玦、圈等形制属于玉石类文玩常见的几种，是几种颇具古韵的仿古器型。相比手镯，环、玦所需消耗的原石要小的多，因此，战国红玛瑙环、玦在文玩市场上还是比较多见的。

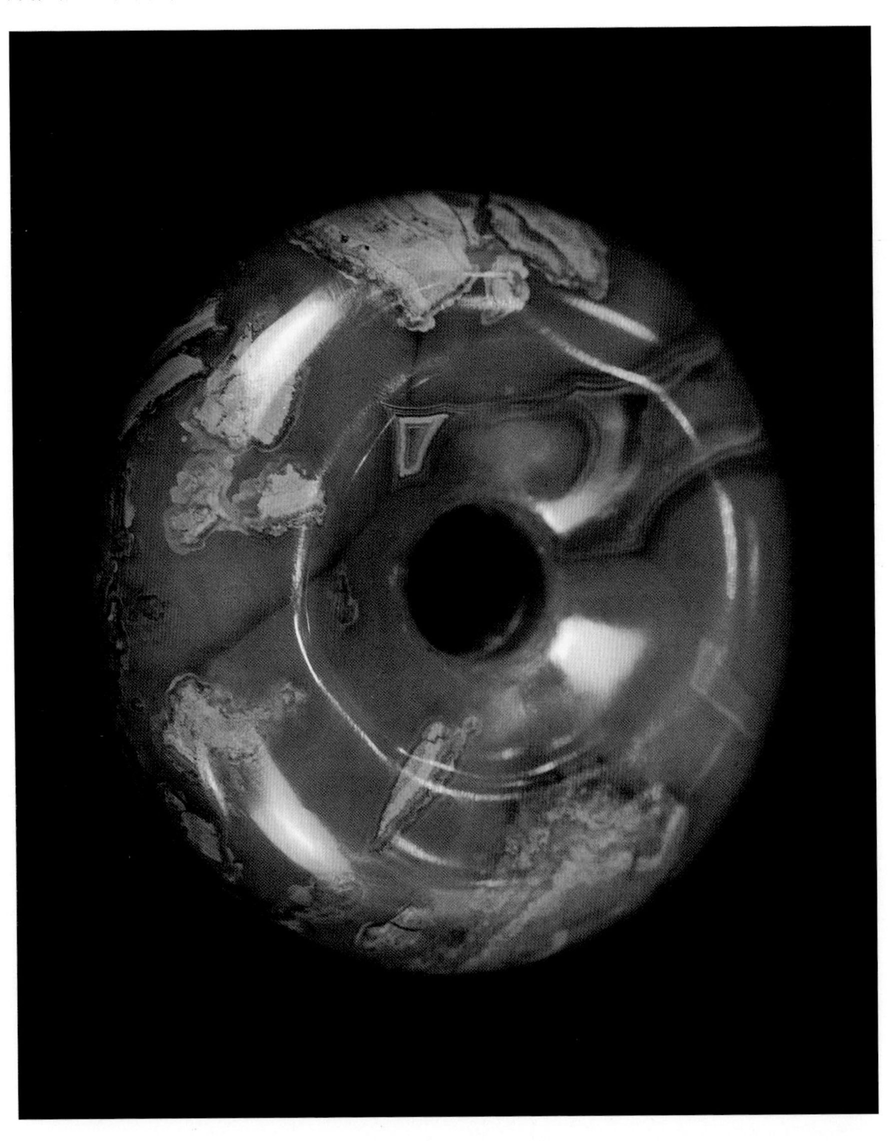

『战国红玛瑙玉玦』

6. 章

印石文化在中国根深蒂固。对战国红玛瑙而言，其产区之一的辽宁省北票离巴林石出产地巴林右旗不远，收藏战国红玛瑙的玩家中，不乏收藏巴林石的大家。战国红玛瑙印章分为方章和圆章。因战国红玛瑙无大料且多裂，能制章的原石不多。所以对战国红玛瑙而言，印章的留料率虽高，但比圆珠更难找到合适的原料，加上印章对原料的长、宽、高都有严格要求，因此底面边长超过 2 厘米，颜色、质地俱佳的战国红玛瑙方章就尤为珍贵。

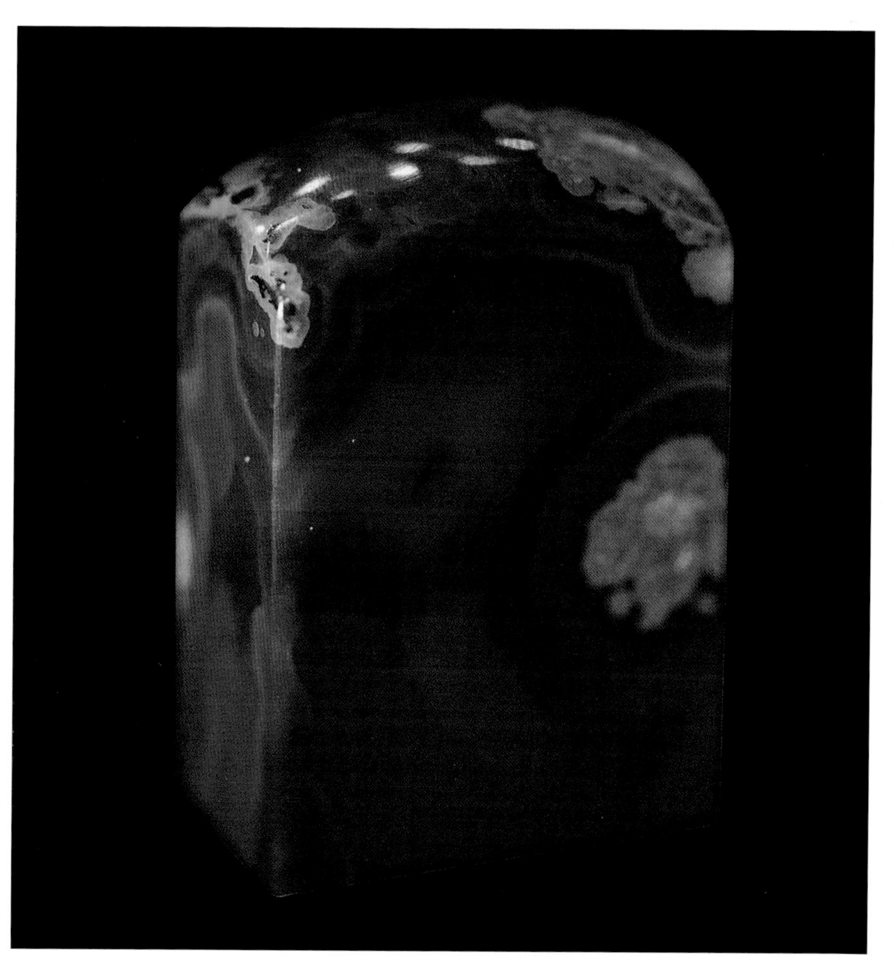

7. 牌子

牌子是所有文玩形制中最能表现出材料本身品质的。对战国红玛瑙而言，一块好的牌子应该能够展现出战国红玛瑙纯正、艳丽、多彩、分明的颜色；能够展现出战国红玛瑙丰富、奇特、炫丽的纹理和结构；能够展现出战国红玛瑙玉质、瓷质，油润或通透的质地美感。因此，玩家在挑选战国红玛瑙牌时要尽可能选择料性比较好的。同时，尺寸越大，耗料越多，价格也越高。

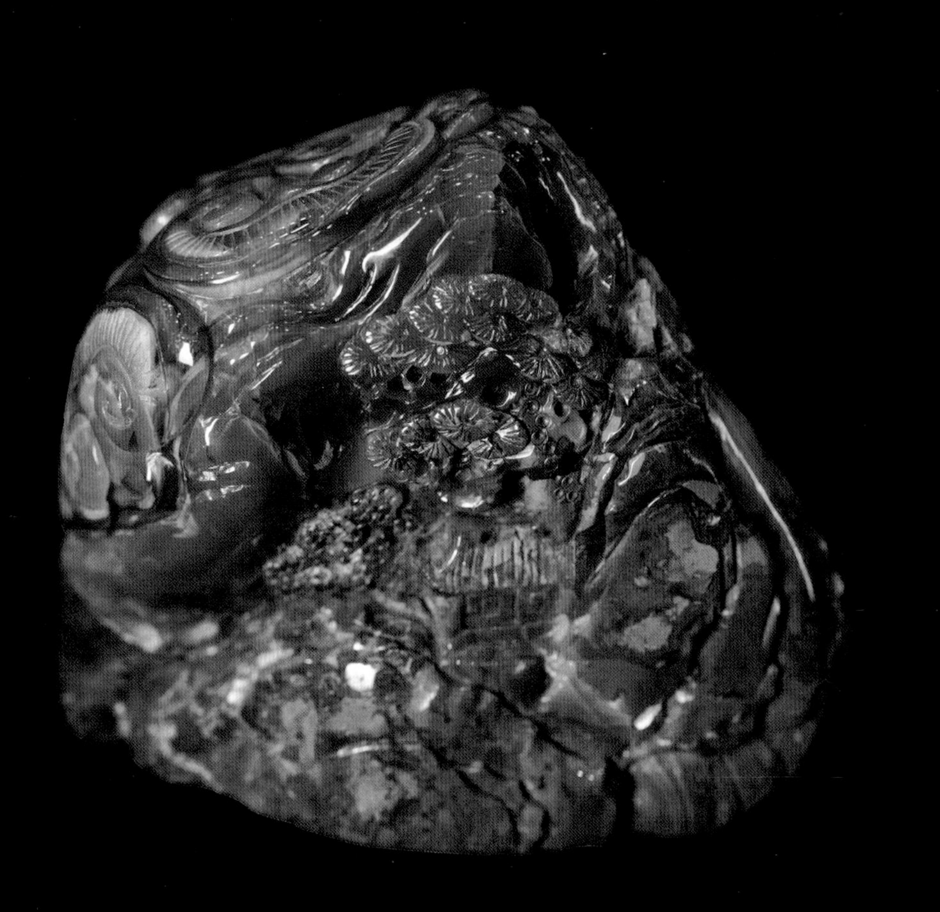

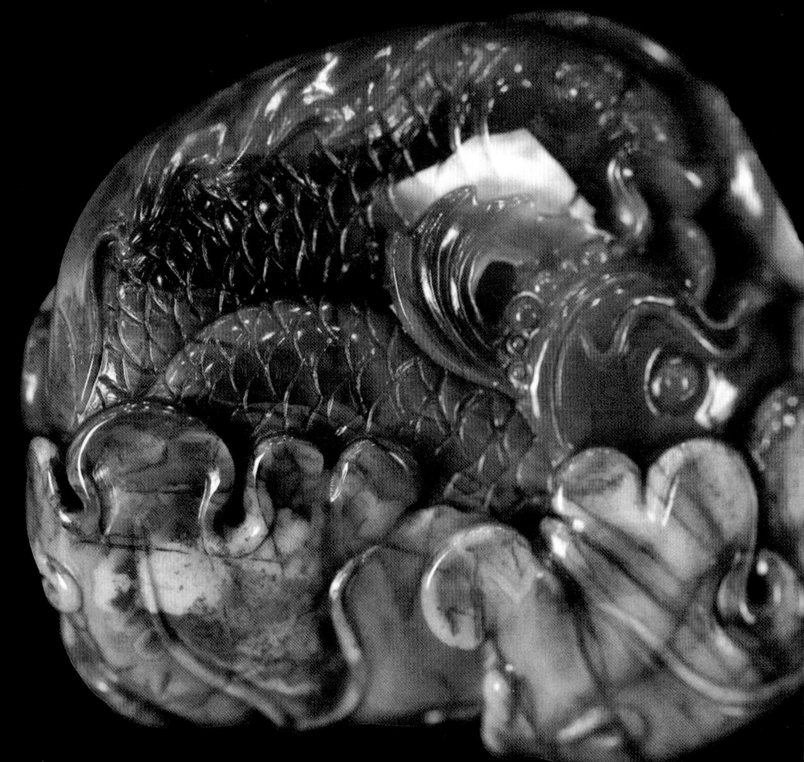

8. 雕件、摆件

战国红玛瑙颜色鲜艳、纹理独特，雕刻成品往往不易设计。在战国红玛瑙进入文玩市场的初期，雕刻精品不多。现在市场上也已出现一些设计构思、造型、透视俱佳的精品。战国红玛瑙雕刻多为汉代仿古题材。今后战国红玛瑙的雕件，必然还会有更多精品涌现。玩家在选择战国红玛瑙雕件、摆件时，需要综合考虑材料的料性、大小、形状和雕刻的题材、雕工等因素。

9. 吊胆

吊胆是水滴形或椭圆形，有一定厚度的吊坠。从战国红玛瑙原石稀缺开始，吊胆这种制式就在市场中出现。因其对原石形状要求不高，且留料率高，现为目前市场上最常见的器型之一。其中体积大、形态优美、纹理漂亮、颜色艳丽、无瑕疵的吊胆，极具收藏价值。

『吊胆』

10. 随形

随形是战国红玛瑙原料价格不断上升后逐渐出现在市场上的一种形制，其特点是尽可能降低了材料的损耗，一般只是打磨去原石的岩皮和棱角，突出的是料性。玩家挑选时主要注意原料的料性，不要选择带有矾心的料。

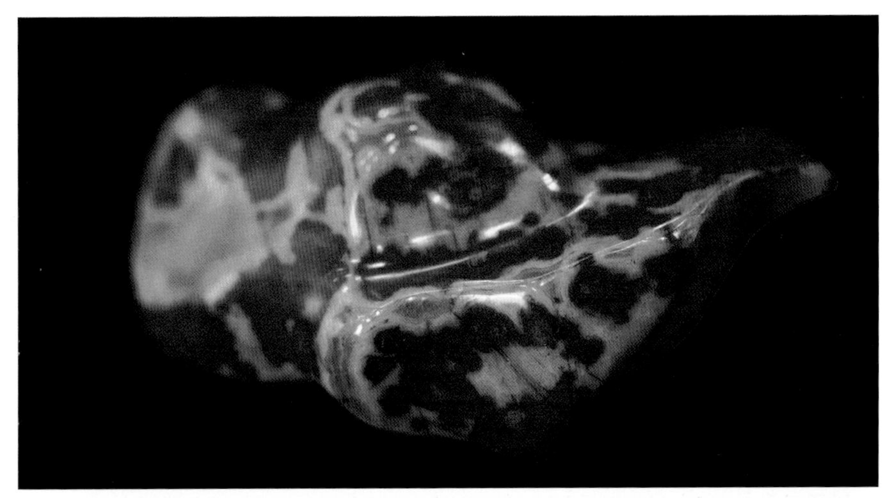

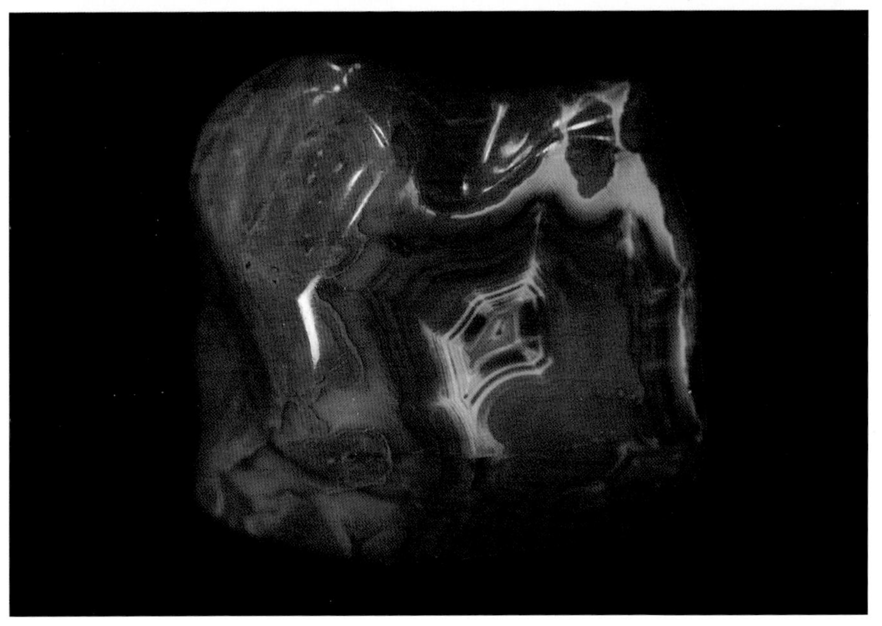

11. 戒面

任何漂亮的宝石，都会有戒面这种形制。战国红玛瑙的艳丽颜色和极具表现力的纹理，戒面这个品种自然不能缺少。凡是能加工成一流戒面的原料，多是无瑕疵、颜色艳丽、纹路回旋有致的极品。能在较小的形制中表现出战国红玛瑙的优点。

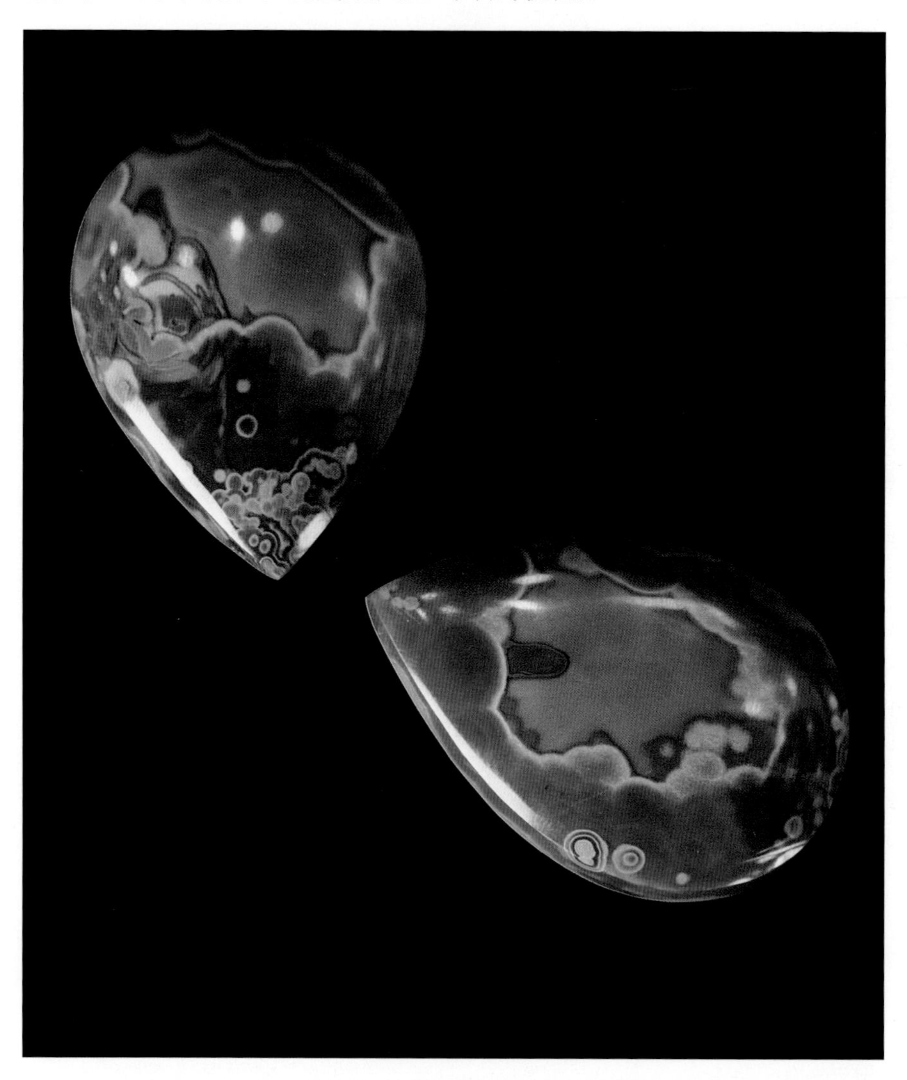

『戒面』

12. 隔片、算盘珠

战国红玛瑙多被制成珠串、戒面、吊坠、印章、牌子、手镯等，以欣赏把玩为主，大型器物几乎很少。精品战国红玛瑙成品颜色艳丽，深沉厚重，好的料子雕刻后，更是油润细腻，让人爱不释手。辽宁北票战国红由于硬度大，加工难度高，加工成同类型的饰品、器物会更难些。宣化上谷战国红玛瑙，整体多水晶、多泥草，精品难得，由于其硬度原因加工会比北票料容易。

『大料战国红玛瑙随形摆件』

三、产区

目前文玩市场上的战国红玛瑙主要产自辽宁北票和河北宣化，因其色彩绚丽而为玛瑙爱好者所追捧。事实上，战国红玛瑙的产地有很多，主要有山东潍坊、浙江浦江、辽宁北票和河北宣化，各地的红玛瑙可谓是各具特色。

①山东潍坊地区产的战国红玛瑙，以红缟为主，多为不规则结合状。晶体较为通透，缠丝和缟纹颜色变化较多，产量较少。

②浙江浦江产出的战国红玛瑙产，较为通透，而且红、黄缟兼有。

③辽宁战国红玛瑙主要产自北票地区，北票市泉巨永乡存珠营子村。“战国红”之名最早就是由北票商人叫出，又被称作“北票红缟玛瑙”。北票战国红的摩氏硬度在 6.5 左右，以山料为主，石皮厚、质地较脆，所以雕刻比较困难。

北票战国红原石块大、多为棱角山料。早期产的北票战国红矿石，红色、黄色、颜色艳丽、缠丝明显、冻料较少，战国红中的上品多产于这一时期，同时也多会被用来冒充南红玛瑙；中期产出的冻料较多，红色、黄色颜色艳度下降，缠丝增多；中后期料趋干，透明度和润度下降，甚至出现了土黄料和深红料。以上所述无论是早、中、后期的分类，还是按矿层深度的分类，都不是绝对的。各个时期依然有好料和次料的出现，只是好坏比例不同而已。动丝料贯穿各个时期都有，中期较多。

由于战国红矿脉的大面积开采，各种有特点的料均有出现，如带水草的料、紫冻料、白瓷料等。目前北票战国红的好原石越来越少，价格一路飙升，也使加工、经营战国红的厂商在不断减少。简而言之，北票战国红的主要特点是：做得早、难雕刻、精品少、红色多黄色少、图案以缠丝为主，资源开发殆尽。

④上谷战国红产自河北宣化塔儿村乡滴水崖一带，又被称作“北红玛瑙”“上谷琼玉”等。上谷战国红特指重新发现于河北宣化一带的红缟玛瑙。它色彩丰富而艳丽，质地细腻油润。

上谷战国红原石多呈结核状、球状，皮薄、裂少，完整性比较高，因此又被称作“蛋子料”。

上谷战国红有较多草花料，一般完整性较高，裂少和水晶共生

『战国红玛瑙蛋子料』

的情况也比较多。原石赌性较大，实心的较少见，多包裹水晶。上谷战国红玛瑙有为红、黄、紫、黑、白、绿等多种颜色，其中以艳红、艳黄品质最好。黄色从黑黄到正黄，红色从暗红色到正红。

早期开采的上谷料石性较重、发干，不够圆润、水透，但颜色俏丽；后期开采的品质佳，玉化好、青肉少、颜色变化均匀，内部多为锦红色、黄色，偶有杏黄色和橙红色缟纹，是目前国内品质较好的战国红之一。上谷战国红的主要特点是：储量大、图案多、色彩艳、圆料居多、成型规整、便于雕刻、品质参差不齐。

『战国红玛瑙的蛋状原石』

北票和宣化战国红玛瑙的区别

特征	河北宣化战国红玛瑙	辽宁北票战国红玛瑙
生于	玄武岩	流纹岩
存在形态	球形	不规则多角状、脉状
原石形状	球形、近球形	板状、块状
色泽呈现	红色、黄色为主，较暗淡，颜色界限不明显，多有红色、黄色混杂的过渡色	多为鲜艳的红色、黄色，也有黑色、白色、紫色、绿色等，颜色界限明显、纯正明快
色彩结构	多为同心圆状环带，少见角状相交，少较细的丝带，多为宽带，颜色变化少，透明度较差	条带颜色多变、结构细腻、宽窄多变，常呈角状相交，半透明状，可呈丝绢光泽
质地特征	质地干涩，凝重感差，透明度较差，层次不明显，光泽相对弱	质地细腻，透明度好，层次通透明显，杂质较少，有润感，光泽强
内部花形	水草极为常见，形态完整多变，可从靠近围岩部分一直分布到内部	少见水草，较为细碎，多存在于靠近围岩的部分

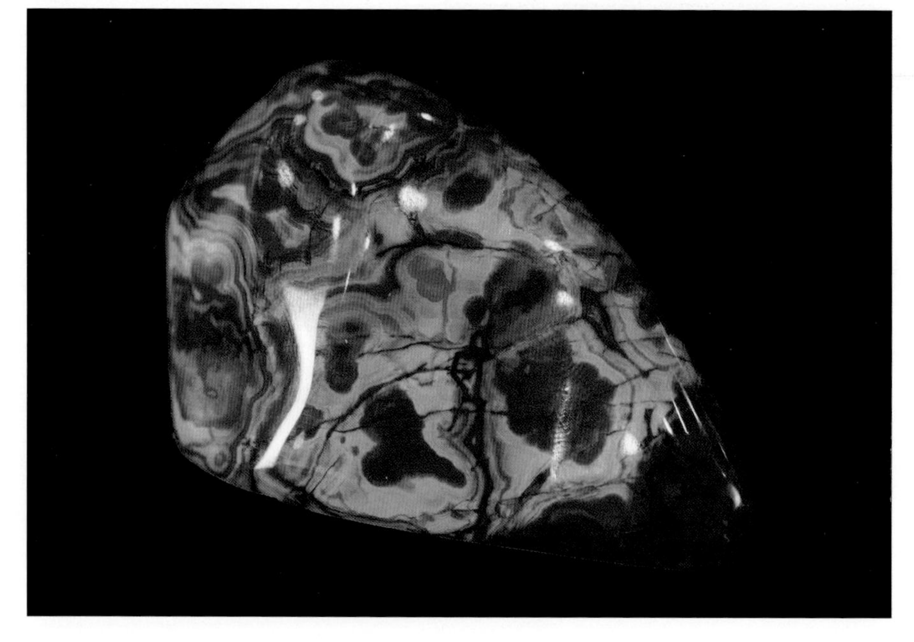

『北票战国红』

『宣化战国红』

四、选购方法

1. 真假判断

战国红玛瑙可从以下几方面进行判断：

①颜色：战国红玛瑙的颜色多为红色、黄色、白色，其红色较

为鲜艳，黄色较为明亮，呈红黄、红白、黄白颜色相间分布的条带或细密的纹带状。

②光泽及透明度：玻璃光泽，微透明－半透明。

③光性：战国红玛瑙为隐晶质石英质玉，为非均质集合体。

④密度：约为 2.65 克 / 立方厘米。

第三章

文玩战国红玛瑙

目前战国红玛瑙制假并不多，但依然存在，需要玩家多加判断。假货主要是通过真空注胶的手段来制作。战国红玛瑙在运输过程中有时会出现震裂，必须通过补胶等手段处理。注胶后的次品玛瑙，如果不仔细看是看不出来的。购买时需仔细观察其内部裂痕是否自然，表面的裂纹是否触感明显。表面如果震裂的话，用手摸上去会有一种划丝的感觉。

市场上还存在其他便宜玛瑙冒充战国红玛瑙的现象。因此在挑选战国红玛瑙时要选择颜色细腻纯正的，最好不要选择发暗的。一般的挑选标准是：色彩以红色、黄色为主，越鲜艳越好，色层间隔越清晰细腻，颜色越丰富的价值越高。成品润泽度越高越好，形状越圆润越好。

2. 原石选购

要买战国红玛瑙原石的玩家就必须知道如何鉴别其好坏。首先，有切口的原石，可根据其切口的颜色来判断，艳黄或艳红的晶体做任何东西都很漂亮。其次如果没有切口的原石，原料选择时的赌性很大，价格要尽量压低，一般鸡蛋大小原石价格在 20 ~ 50 元，挑选带水线的。如果原石有裂，基本上都有玛瑙存在。因为，只有原石里面有玛瑙时，外皮才会有水线和裂痕出现。

第三，如果是里面含有水晶的带洞的战国红玛瑙，可以把水倒入晶洞后再把水倒出。通过测量水的体积来判断水晶洞空隙的大小，除去某些特殊的造型，一般尽量购买水晶较少的。

最后，判断密度。如果手感较轻，切开以后里面很可能是散的，那就完全不值钱了。另外，通过表皮判断一下它里面的花纹，如果是水草花纹，成品会较受欢迎。

『岩围中的战国红玛瑙』

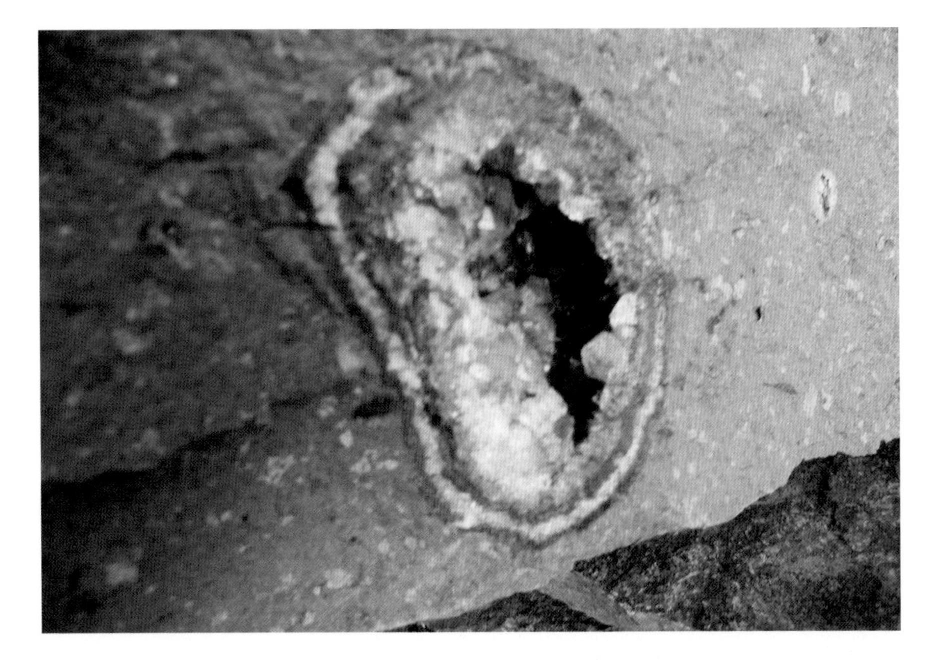

『战国红玛瑙的水晶晶洞』

五、收藏价值

战国红玛瑙不仅具有历史、文化价值，还具有收藏价值。其收藏价值主要在于自身品质的优劣。如何判断一块战国红玛瑙是否具有收藏价值呢？从市场角度衡量，就是它的五大价值：

1. 玉石价值

从战国红玛瑙的玉石特征上判断其品质的优劣。

2. 美学价值

从战国红玛瑙成品的颜色、质地、形状等角度来判断其价值的高低。

3. 文化价值

从战国红玛瑙成品的雕工、工艺等文化性来判断其价值的高低。

4. 文玩价值

以战国红玛瑙在文玩市场上的标准、稀有程度、制式来判断其价值和市场价格。

5. 收藏价值

从战国红玛瑙的文化收藏性上来判断是否是精品，是否具有收藏价值。

战国红玛瑙的五大价值也展现了战国红超然的魅力。它既有色泽艳丽、质感凝润的视觉冲击魅力，又蕴含着华夏民族的人文情结和厚重的历史文化内涵。这使它成为一种从内到外华光异彩、摄人心魄的宝玉石。

这些价值推动着战国红玛瑙的价格迅速上升，在文玩市场上迅速走红。战国红玛瑙从走入市场那天开始，依靠其自身的

独特魅力，推动市场迅猛发展。这个内在动力正是其具有的五大品质。

战国红玛瑙那种金坚玉润、炫美华丽的宝玉石品质，肆无忌惮地展示在玩家、藏家面前。让诸多藏家、文玩爱好者们魂牵梦绕、爱不释手，在战国红市场上掀起一个又一个价格浪潮，创造了一个又一个收藏佳话。

第三章

文玩战国红玛瑙

『战国红玛瑙文玩手串』

第四章

战国红玛瑙投资与收藏

一、文玩战国红玛瑙市场状况

战国红玛瑙在最近两年的玛瑙市场中价格飙升很快，属于价格相对较高的玛瑙品种。在我国战国红玛瑙的主要产区——辽宁产区和河北产区周边形成了相应的战国红玛瑙市场和产业链条。而最终，大量的货源又汇集到北京的文玩市场中（如潘家园批发市场），通过价格、品质、宣传的比拼最后成交进入玩家手中。

辽宁省产区——阜新和朝阳交界地带，战国红矿石主要出自北票的一座小山。经过几年的开采，原石产量较低，潜在储量不大。虽然北票战国红颜色绚丽，被广大玩家所喜爱，但在阜新当地，特别是著名的十家子镇玛瑙市场，由于资源缺乏，加工、经营战国红玛瑙的厂商和商户已有减少的趋势。据了解，北票战国红资源缺乏、出材率低、当地政府已经禁止私人无计划的开采。这也促使现有矿石价格不断飙升，成品价格也是水涨船高。

就北票战国红玛瑙的成品而言，市场所见多为手串，或较小的雕件、半原石作品或原石，极少见到中大型玛瑙作品。由于原料珍贵，所以珠子多采用手工磨制，因此大小不均，多有石皮；一般的雕件、挂件和手把件也会因材料稀缺而必须提高利用率，雕刻内容较为粗糙、简单，工艺细腻、附加值较高的作品比较少见。即使这样，北票战国红成品的价格也已动辄数千元、上万元。除北票外，其他辽宁产地的战国红玛瑙也随着环境保护的需求和可持续开采的需要，逐渐开始禁止和限制开采，大大减少了货源的供应。

河北张家口宣化县战国红玛瑙在短短的近两年多时间里，随着户外旅行活动和电视节目报道，正在以惊人的速度被挖掘，因此市场上的原石储量也不断增加，市场逐步成熟，成为玉石市场中的一匹黑马。

2013 年 6 月，“青泉战国红交易市场”应运而生，占地面积约 5000 平方米。自开业以来，市场成交量不断攀升，平均每周的客流量过万人，交易额达到千万元左右。

在北京的文玩市场中，文玩战国红玛瑙的数量已十分可观，市场占有率很高。在玛瑙类别中，仅次于南红玛瑙，而高端品级价格已不逊于南红的价格。随着各种媒体、电视节目的介绍和宣传，战国红玛瑙在文玩市场中的地位正在逐步提升。

『战国红玛瑙原料市场』

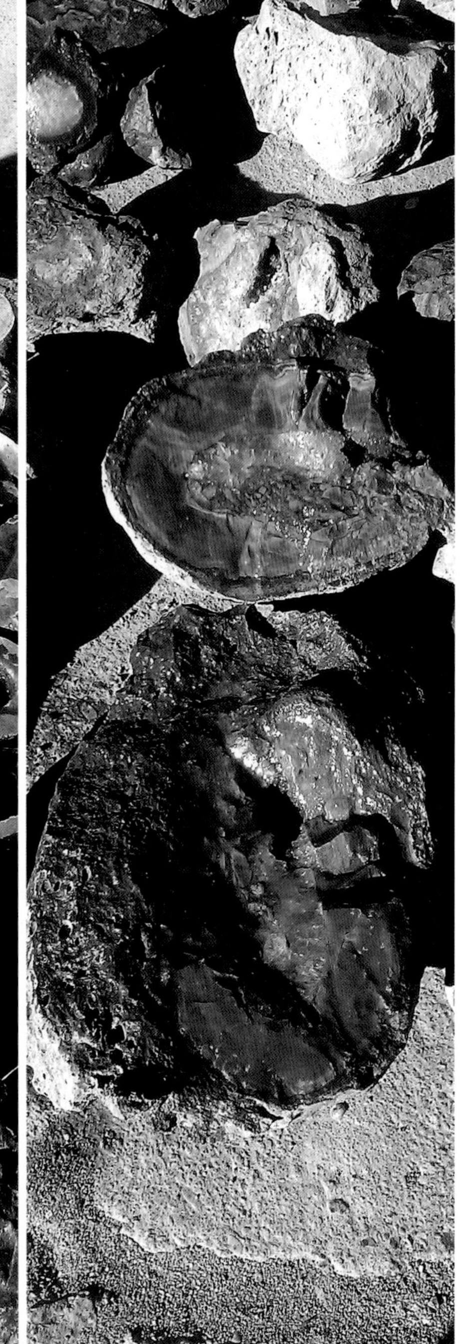

二、战国红玛瑙投资观点

对于战国红玛瑙的投资前景，目前市场主要持两种观点：第一种观点是战国红玛瑙作为亿万年前的美丽绚彩宝石，具有很高的收藏价值，应该大量收藏；另一种观点是红缟玛瑙毕竟是地球上存储量较大的玛瑙之一，需要在适合价格上谨慎收藏，并且应以购买精品为主。

对此，我们针对文玩市场来做一个分析。市场这张晴雨表在价格和价值，平民收藏与高端收藏之间总有一些相似的规律。如同近些年文玩玛瑙的入市顺序：从辽宁料战国红第一波冲入市场，到第二波云南料南红玛瑙再到四川南红玛瑙，再到宣化料战国红玛瑙。可以看出一个规律：一个地区，无论它是古来传承玛瑙矿开采还是新发现的玛瑙矿开采，都有一个趋势，以平民价格购买催生大量市场供应，再到价格飞升，再到冷宫高价的无人问津，最后到另一种原料的代替，这样一种市场循环。而当一种原料进入高价收藏时，并不是说明这种品类已经死亡，而恰恰说明它已被主流认可，但其市场价格的增长却趋于稳定，而高价的藏品本身求购量就极少，因此市场的热度必然下降，短期投资前景则不被看好。追求短期投资和回报的投资者，就需要开发出另外一种具备潜力的文玩品类投放市场。精明的投资者需要对市场有着充分地了解，准确地找到这条规律中的节点。

再回到之前战国红玛瑙的投资观点，在文玩市场中，总体储量并不是影响价格的主要因素，主要因素在于地区储量。如黄花梨，越南黄花梨和海南黄花梨都是黄花梨，而海南黄花梨和越南黄花梨

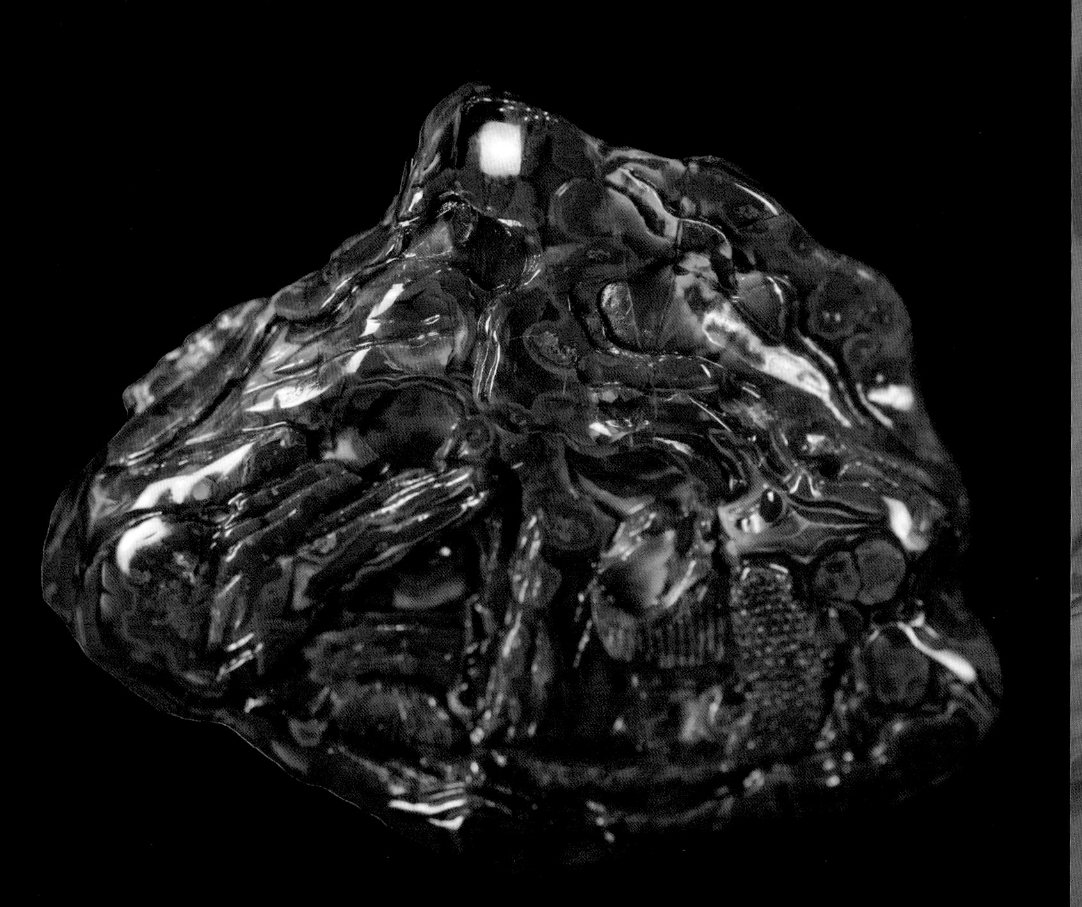

第四章

战国红玛瑙投资与收藏

区别较大,储量远远少于前者。因此,海黄的价格远高于越黄。同理,红缟玛瑙的储量并不能代表战国红玛瑙的价值，辽宁和河北地区的战国红玛瑙原石的储量都是有限的，其中辽宁少于河北，总体品质也更为出众些，投资收藏时需要区别对待。

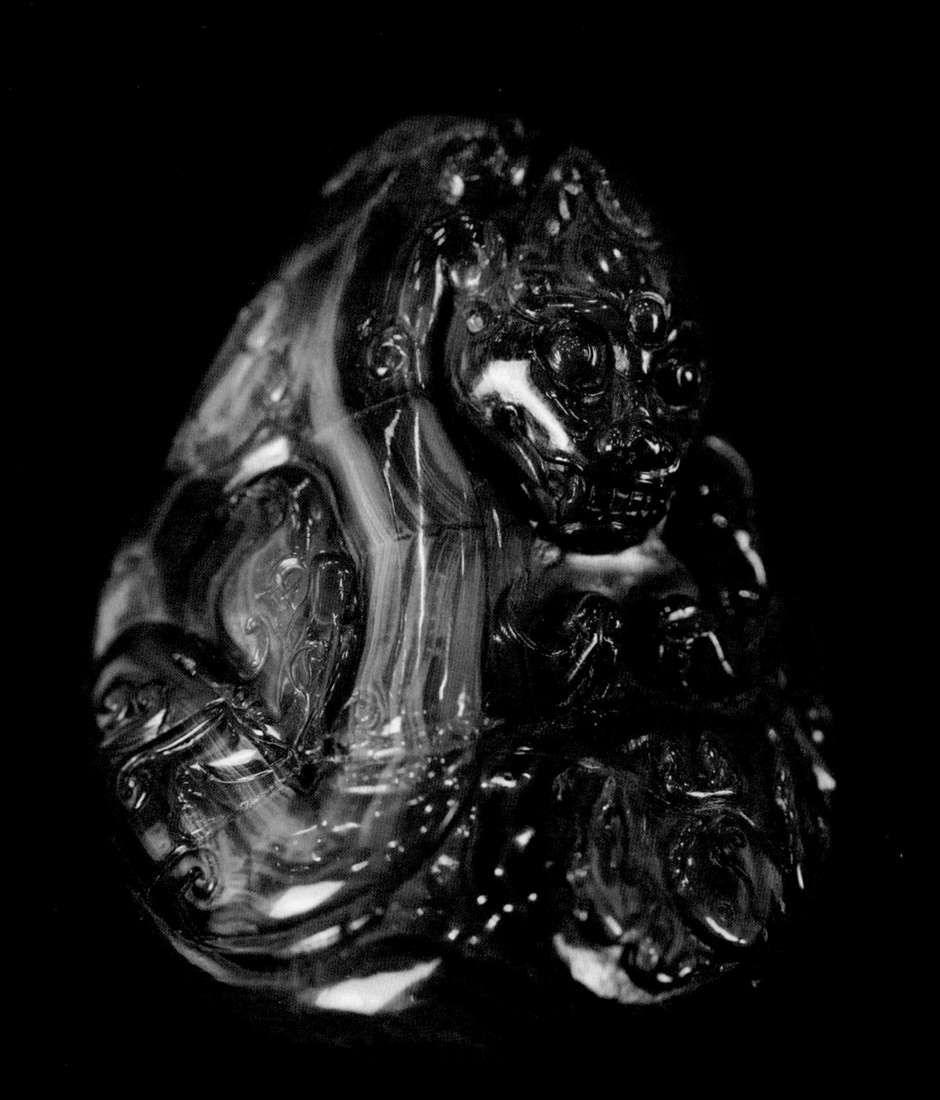

三、辽宁战国红玛瑙市场

从辽宁北票战国红玛瑙石市场价值来看，2008 年至 2015 年，北票战国红以它独特的魅力，价格一路飙升，体现着它作为玛瑙的魅力。从它走出矿区，走向市场那一刻起，便开始创造奇迹，演绎神话。

在短短几年时间里，北票战国红玛瑙以令人难以置信的速度一

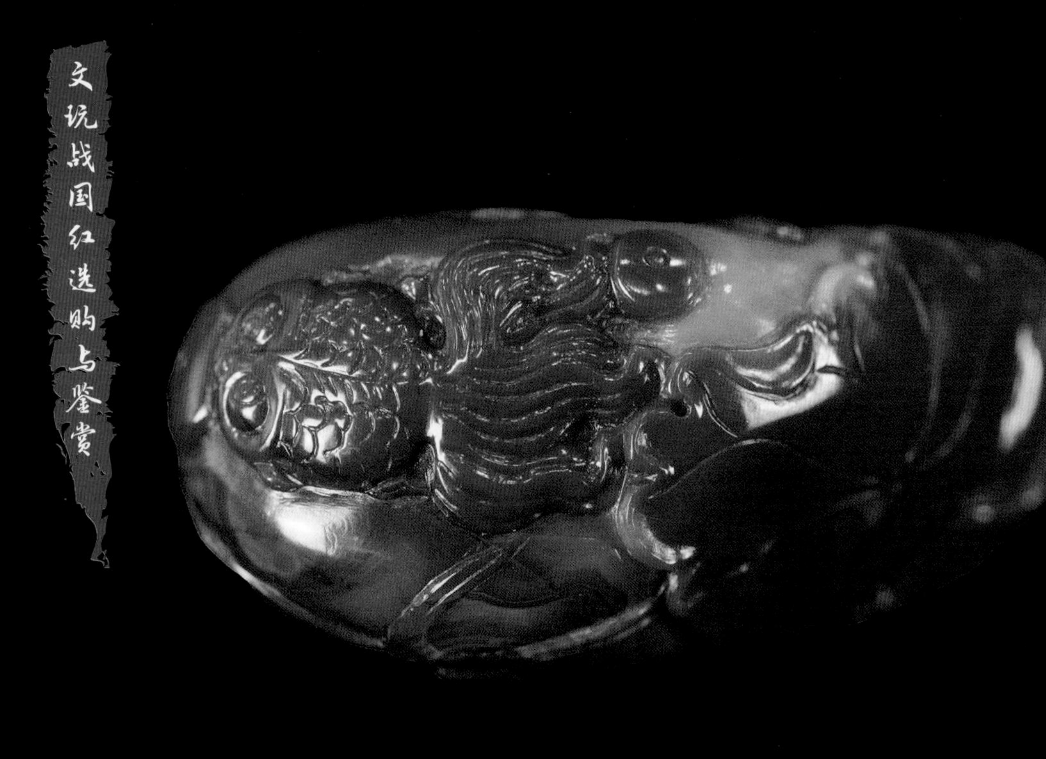

路走红，可谓疯狂的石头。市场表现为一年一个价，年年价翻倍，近两年，精品价格翻了几十倍，顶级绝品价格翻了上百倍。在疯狂的价格面前，让许多人开始疑惑、不解，种种不同的心态充斥着战国红玩家、商家的心。战国红玛瑙与普通玛瑙，有什么不同之处，让它创造出这样神话般的价格奇迹?

首先，辽宁战国红玛瑙的实际出产情况对它市场价格的影响很大。在阜新当地，特别是著名的十家子镇玛瑙市场，加工、经营战国红玛瑙的厂商和业户聚集。经了解，由于资源缺乏、出材率低、当地政府禁止私人无计划开采并已实行管制，矿石价格不断飙升。由于其产量较低，潜在的储量不大，而且战国红玛瑙矿有一个特点，其地矿表层的品质要高于底层，因此随着挖掘的深入，好料和极品料越发稀有。甚至连过去不用的边角料和水晶料都拿来重新利用，可以说是继“南红”之后的又一玛瑙新贵。

其次，一些资深玩家、商家、藏家或多或少对战国红玛瑙的市场价格及其水分也进行过多方面思考推论，形成两个共识观点。第一，战国红玛瑙前期基本没有炒作，是凭借自身品质和魅力走红的。第二，战国红玛瑙后期的价格飞涨受到收藏者赌原石、屯货等各种因素的影响。如果是资本炒作，那战国红到了普通玩家可以接受的合理价格后就应该停止涨价，以获得最大的利润。为何价格仍然持续上涨？其主要还是过多中间商的介入所造成的。囤货和销货是商家的基本运作方式，北票战国红玛瑙资源稀缺，没法形成规模化开采，不具备炒作条件，也没有大资本的进入和商品化的趋势，只要

有了一定数量商户囤货，原料紧缺，市场价格必然上涨。至于销货，那就是各家看各家的实力了。另外，2013 年之前几乎没有媒体进行过报道，所以那之前也不存在传媒炒作的情况。

四、河北战国红玛瑙市场

河北战国红玛瑙进入市场的时间要晚于辽宁矿，但在短短几年时间内，其价格也不断上涨。

河北料主要以宣化料为主，宣化战国红玛瑙红黄相间非常耀眼。人们通常把它做成文玩饰品。近些年它的价格也一路飙升了十几倍。

河北宣化作为战国红玛瑙的原料产区，主要的矿区集中在三台子村附近。这里的村民基本都知道战国红玛瑙，并且经常会去山里寻找，当地村民会有一定的原料库存。

河北战国红玛瑙的库存量要高于辽宁料，是目前文玩市场上的主要原料。其价格在 2014 年 9 月时有一个明显的分水岭，之前的普通料一般在几十元每公斤，在 2014 年 9 月后涨到了 200 ~ 300 元每公斤，其中的精品料子大约是 600 元每公斤，2015 年的价格相比 2014 年又涨了一倍，精品料的涨幅则更高。

相比北票产区而言，目前宣化战国红玛瑙原料中精品料的价格要低一些，适合收藏。

河北战国红玛瑙的价格增长明显是受到北票价格的影响，作为北票原料的替代品，在东北战国红即将封矿的情况下，未来极有可能会成为文玩市场的主力军。

第四章

战国红玛瑙投资与收藏

五、战国红玛瑙的发展阶段

战国红玛瑙在文玩市场上的近六年有着三个发展阶段，可简单概况为：一、普通玛瑙阶段；二、玛瑙新宠阶段；三、宝玉石阶段。

第一阶段：以普通玛瑙面孔走入市场。

战国红玛瑙最初是以普通玛瑙面孔走入市场的，名字是“战国红缟玛瑙”的简称。当时在全国最大的玛瑙之都，辽宁阜新十家子镇玛瑙市场上，仅有少量经营户，以给人订做为主，兼对外散卖。价格和普通玛瑙基本一个价位，中低档直径为 20 毫米的珠子约 10 元到 20 元一个，精品红黄缠丝珠子不超过 100 元。且都是传统的手工作坊加工制作，手工抛光。由于加工出来的成品色彩好，美感度高，卖得比普通玛瑙快，个别当地商户们看到了商机，不到一年经营人数增加到二十多人。室内摊位摆不下，就摆在露天叫卖，价格逐渐开始出现加速提升的势头。

第二阶段：以玛瑙新宠姿态步入高端。

北票战国红玛瑙有着鲜红艳丽的色彩，凝润的玉质感，使它以不可抗拒的魅力，一下子抓住了玩家、商家们的心，激发起他们购买、收藏的欲望，令其迅速成为市场上的宠儿。一些商家根据玩家、藏家们的要求，不断开发新产品推向市场，战国红玛瑙独特的品质和魅力，得到了充分的挖掘和展示。美一旦被发

第四章

战国红玛瑙投资与收藏

掘，便会熠熠生辉。一些人们事先没有预料到的独特品质，在市场上开始大放异彩。商家、藏家、玩家开始了解，战国红玛瑙不是一般意义的普通玛瑙，它的美感度极高，带给人丰富的视觉享受，并以“红如鸡血、黄如鸡油、白如羊脂”来赞美它。“高端玛瑙”“顶级玛瑙”“玛瑙新宠”的头衔接踵而来，价格迅速攀升，几乎每个月乃至每个星期都会发生变化。一个直径 20 毫米的普通珠子从 10 元涨到了几百元，精品红黄缠丝珠子涨到了上千元一颗的价格。

第三阶段：以宝石品质向珠宝玉石行业挺近。

当许多人还在试图将战国红打造成一款高档玛瑙时，它的宝玉石属性、宝石品质已悄然凸显出来。只不过绝大多数人没有以这种视角来审视它，只有少数资深商家、藏家敏锐地洞察出来，认为战国红绚丽的色彩、凝润的质感、唯美的“丝路”已经具备了宝玉石的品质。当“红黄三维爆闪炫丝”被挖掘发现后，商家们发现战国红新

第四章 战国红玛瑙投资与收藏

的卖点，同时开始花高价疯狂收买，将战国红玛瑙和国内外名贵宝玉石进行比对，发掘出它既有翡翠熠熠生辉的光泽，又有玉的凝润质感，还有彩色宝石绚丽的美感，完全具备了宝玉石的品质。一些商家和藏家认为战国红完全可以成为宝玉石行业的新宠，和翡翠、和田玉、彩宝等国内外名贵宝玉石齐肩媲美。

这种认知被越来越多的人接受，称赞战国红玛瑙为宝玉石的呼声也越来越高。若是在文玩市场上买到一块精品红黄战国红玛瑙，特别是带“红黄炫丝”的，有时可以听到“达到宝石级别”的评价，从而与宝石相媲美。同时“战国红宝石”“战国红彩宝”“战国红炎黄玉”等叫法开始不胫而走。一些独具慧眼的商家眼光转向了开发珠宝饰品的层面，戒面、耳坠及宝石镶嵌饰品陆续闪亮登场。

2013 年 6 月，一个精品戒面 2 万元成交价，“红黄闪丝”手串 20 万成交，精品镯子近 40 万元成交。一些高端商家吸收了国内外先进的设计理念，以珠宝镶嵌的角度打造战国红的产品，市场上逐渐出现一件件精美绝伦的镶嵌饰品。它们围绕战国红的天然纹理、丝路和色彩造型巧妙，巧夺天工，极具视觉冲击力，是天然艺术与造型艺术的完美融合。

六、对未来战国红玛瑙投资走向的判断

战国红玛瑙确实有投资和保值价值。但如今战国红玛瑙已经到了一个相当高的价位，虽然有人认为价格还会上涨，但投资风险也是存在的。

第四章

战国红玛瑙投资与收藏

因此，建议收藏战国红玛瑙要选择做工一流、品质佳的购买。战国红玛瑙虽然近年来被广泛认可的，但它并没有达到国际宝石级的认可标准，使用它做一些文玩饰品目前还只是被国内的文玩文化所认可。笔者真心希望它能作为一种兼备中国古代文化遗风和现代宝石学准确定义的瑰宝，随着时间被越来越多的人认可。但战国红玛瑙目前在世界上还没有获得这种地位，它目前的历史和文化只是在文玩爱好者和小部分收藏家中流传。

对于原料商而言，战国红作为玛瑙属于玉髓类矿物，而玛瑙的世界储量比较大的，因此大量原料的投资风险很高。

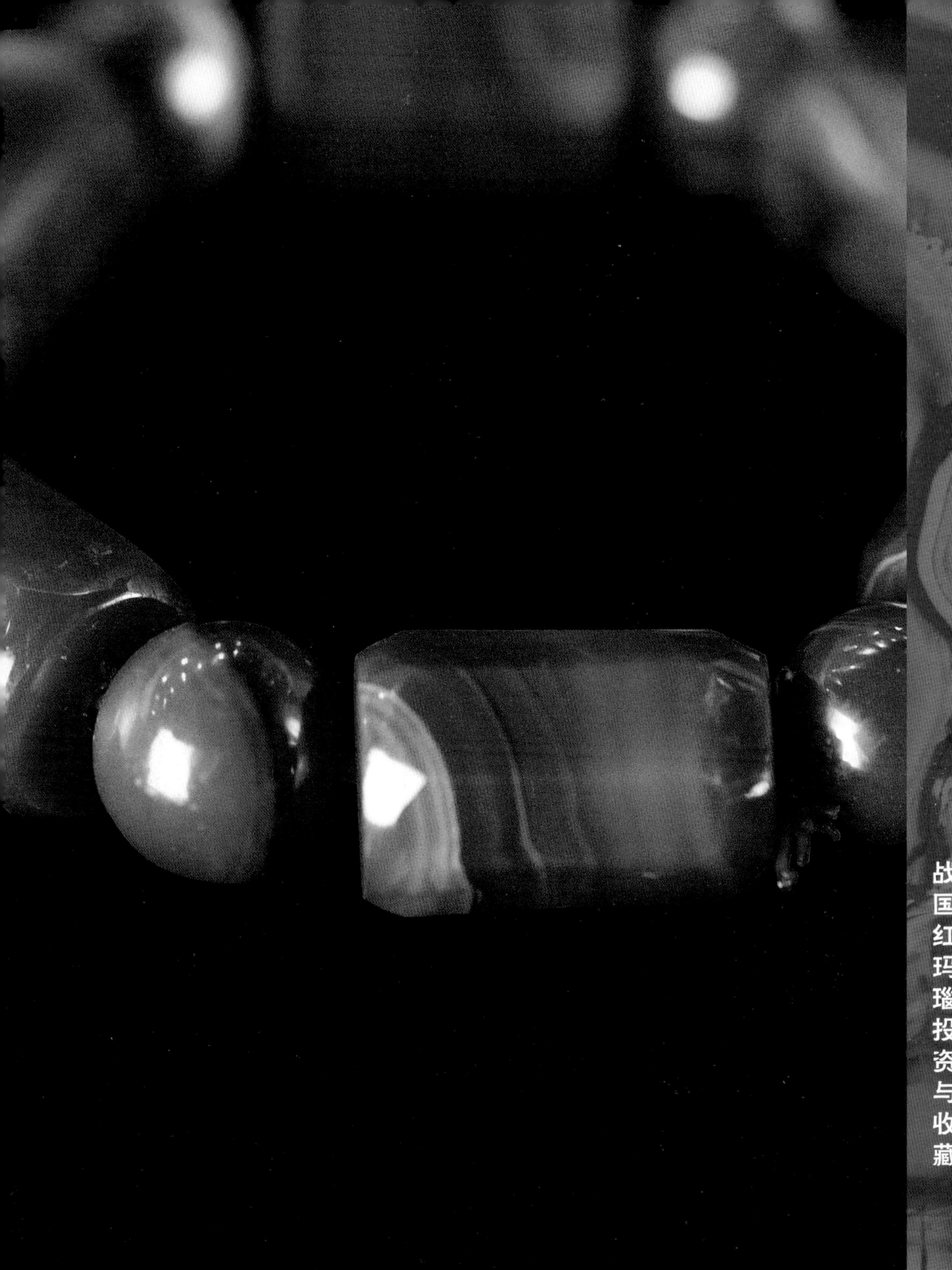

第四章

战国红玛瑙投资与收藏

作者简介

张梵：80 后文玩商人、作家、香艺师，著有《沉香入门收藏百科》、《文玩菩提子鉴赏》、《苏州橄榄核雕刻·新锐名家》、《崖柏收藏入门百科》等作品。愿以文人视角看收藏，以实证角度谈文玩，笔录收藏百态，笑谈文玩百章。现居北京，设北京萦香社，愿与文玩、收藏爱好者共勉。

赵建：毕业于南开大学文学院，汉语言文学专业学士学位。曾从事木材和园林工程工作，户外极限运动与地质爱好者，南开地理协会会员。多次考察国内各玉石矿址，收集一手资料，整理、归类，形成自己独特的见解。热爱珠宝、玉石，对各种矿石类文玩有自己独到的研究。

文化支持

陈鹏：北京逸雅轩轩主，战国红玛瑙文化推广者，北票当地人。多年来，陈鹏一直研究和收藏战国红玛瑙，对战国红玛瑙有着独到的认识和见解，也是北京最早一批文玩战国红玛瑙的经营者。

欢迎全国的战国红爱好者前来交流指导，共创战国红美好的明天。店址：北京市十里河雅园国际 b 座二层 c3a。

后记

战国红玛瑙从何时兴起，目前投资形势如何，未来能走多远。这是这几年来始终伴随着战国红玛瑙的问题。我们能够从过去了解到战国红玛瑙的兴起，通过追寻它的文化，学习它的内涵，来逐步了解它兴起的原因,但是未来如何,没有人能够给予一个完美的描绘。

这是我这些年来从事文玩收藏行业得出的经验：没有一种投资和收藏会给予你一个必然的结局。我们可以有最为美好的预期，但是必须做出最坏的打算。

因此，出于风险的考虑，我们的圈子里始终有一些怀疑论者，他们永远保持一个态度：这样的市场繁荣是虚假的，可能有大量的恶意宣传和虚假情报。他们常常挂在嘴边一句话：水太深。

我并非批判这些怀疑论者，相反，我一直欣赏那些谨慎的投资者。只是在我们这一行业中，有一个更重要的规则：永远不要把投资和回报看成你事业的核心。因此，我一直告诉身边渴望从事文玩行业的人：你只有热爱这一行当，才能在这儿赚到钱。你如果仅仅视它为一种投资，那它的风险要远远超出你的想象。

我并非在此危言耸听，身边的例子很多，许多人看到了市场的繁荣，就毅然决定投入，花大钱买入一些自己并不了解，甚至不知道其所以然的东西，然后企图卖了大赚一笔，这种情况到最后往往都以赔钱了事。甚至许多在圈内经营多年的老玩家，失去了学习的心态，故步自封，往往在一些新品上投资失误。现实就是如此!

热爱是你从事文玩行业最大的力量，热爱了，便会坚持，便会学习，便会创造，这便是你的核心竞争力。

本书的出版，目的便在于此，我们希望更多的人能够了解、学习战国红玛瑙。它的由来，它的文化，它在文玩市场上的“讲究”。无论你对它是观望、不解，还是理解、认同，还是乐观、积极。本书都会帮助你了解战国红玛瑙最新的状况，不管它的投资形势如何，未来走向如何。如果你发现自己真的热爱战国红玛瑙，你都会找到你自己心中的答案。

最后，感谢所有为本书做出努力的人，也希望本书能对读者有所帮助！

张梵

2015 年于北京。